JN432305

식품미생물학 실험서

MICROBIOLOGY

박신인 · 남은숙 공저

FOOD **MICROBIOLOGY** LABORATORY

| 머리말 |

인류는 예로부터 미생물들을 이용하여 식품을 발효시켜 가공·저장하였으며 이러한 방법은 실제로 식품의 가공이나 저장에 매우 유용하게 사용되어 왔다. 그러나 한편으로는 유해미생물들에 의해 식품의 변질이 초래되고, 이로 인해 식중독이나 질병에 걸리는 경우도 많았다. 이처럼 불가분의 밀접한 관계를 가지고 있는 식품과 미생물학은, 최근 다양한 연구를 통해 식품의 개발, 보존, 식중독 등 식품에 관련된 문제점들을 해결함으로써 인류가 보다 나은 풍요로운 식생활을 영위할 수 있도록 노력하고 있다.

식품 미생물학은 식품의 저장, 가공, 발효 및 위생에 관여하는 미생물들을 다루는 분야로서 미생물학적 기초와 식품에의 적용이 동시에 조하되는 특성을 지닌다. 따라서 이 책에서는 이러한 식품 미생물학의 특성을 이해하고 이를 이용할 수 있는 실험적 지식과 실험 능력을 효과적으로 습득하는 데 도움이 되고자 노력하였다. 그러나 아직 미흡한 부분이 많을 것으로 생각되어 앞으로 여러분의 정성어린 충고와 도움을 받아 계속 보완해 나갈 예정이다.

끝으로 이 책이 식품 미생물학 실험을 공부하는 학생들과 이 분야에 관계되는 여러분들에게 조금이나마 도움이 될 수 있기를 바라며 원고 정리에 애써주신 대학원생들과 출판을 위해 물심양면으로 도와주신 도서출판 효일의 여러분께 감사를 드린다.

2018년 3월에

저자 씀

식품미생물학 실험서 **Contents**

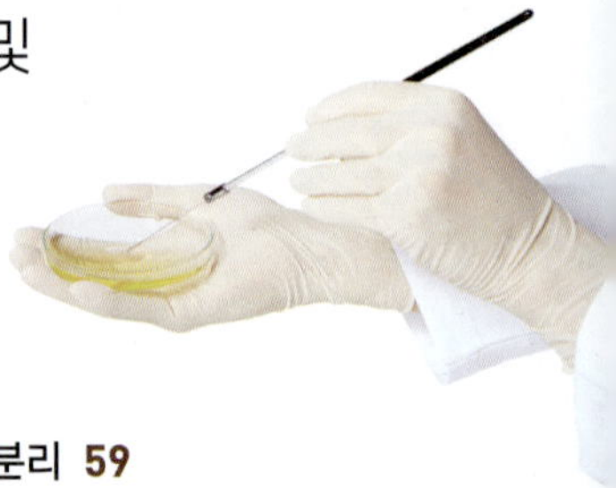

FOOD **MICROBIOLOGY** LABORATORY

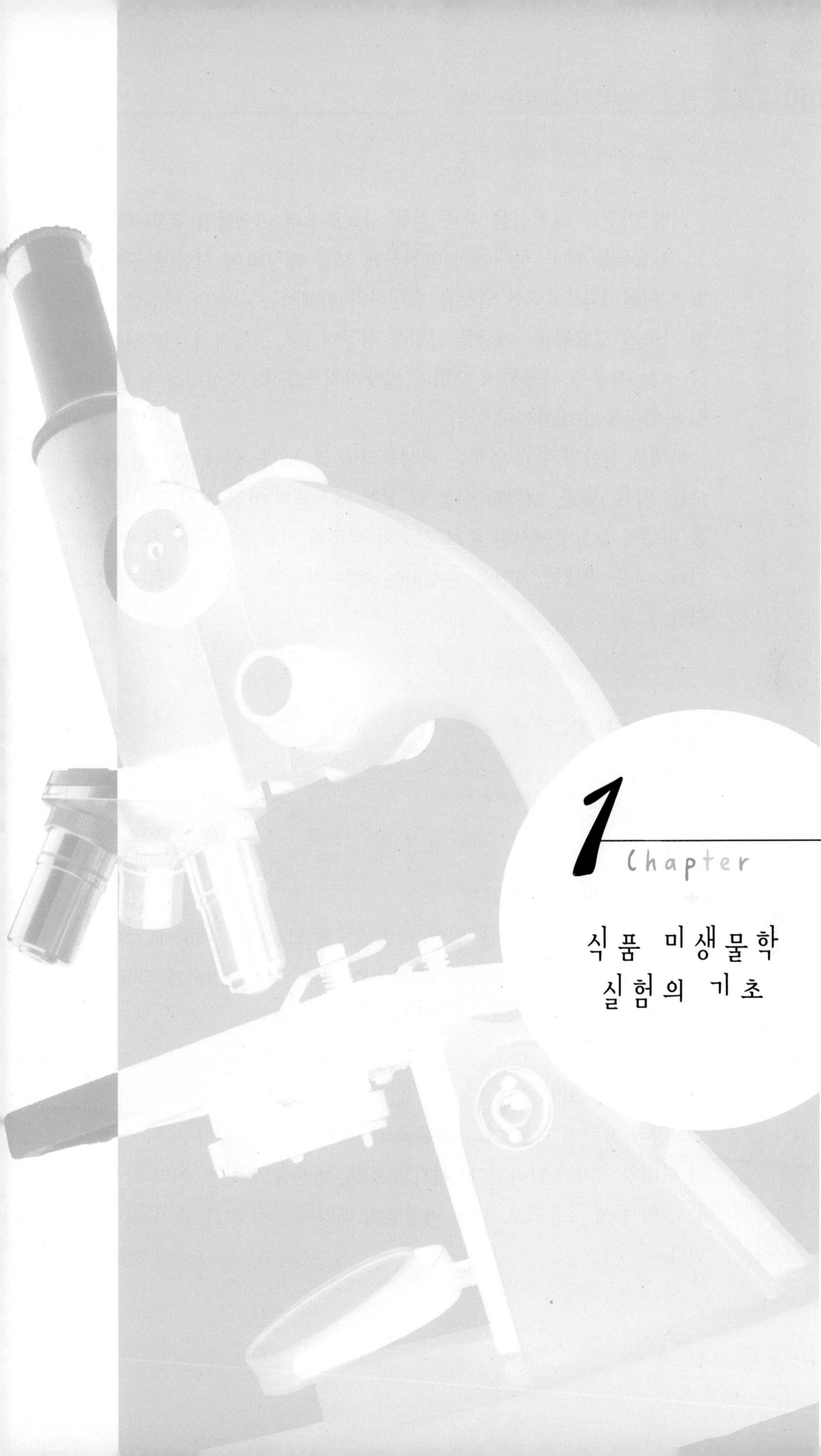

1 Chapter

식품 미생물학 실험의 기초

식품 미생물 실험실은 각종 식품 시료로부터 미생물을 분리 연구하고, 미생물을 무균 상태에서 안전하게 보관 배양하며 시험 연구할 수 있는 시설이다. 이러한 업무를 수행하기 위해서는 각종의 미생물용 실험 기구가 필요하며, 미생물 실험을 성공적으로 수행하기 위해서는 무균 조작 기술을 사용하며 오염이 발생하지 않도록 상상력을 동원하여 실험 업무를 수행하여야 한다.

미생물 실험의 주요 업무는 미생물의 분리, 배양, 염색, 현미경 관찰, 보관, 이식, 멸균, 생화학 실험 및 실험 폐기물의 안전 처리 등이며, 식품 미생물 실험실에서는 주로 각종의 식품의 시료를 다루는 것이 특징이다. 식품 미생물 실험을 수행하는 데는 다음과 같은 기구들이 필요하다.

1. 실험 기구

1.1 초자 기구

시험관(test tube)

고체배지나 액체배지를 넣어서 미생물의 보존이나 배양에 쓰인다. 길이 16cm, 지름 1.6cm의 중간 크기의 것이 가장 편리하게 사용되나 실험의 목적에 따라서 크기가 달라진다.

플라스크(flask)

모양과 용량이 다른 여러 종류의 flask가 있으며, 사용 목적에 따라서 형태와 크기가 날라진다. 배지의 조제, 미생물의 배양, 기타 각종 반응 실험 등에 사용되고, 보통 미생물의 배양에는 삼각 flask가 많이 쓰인다.

●●● 슬라이드 글라스(slide glass)와 커버 글라스(cover glass)

Slide glass는 가로 76mm, 세로 26mm, 두께 1.5mm 정도의 직사각형의 유리판이며, cover glass는 가로 18mm, 세로 18mm, 두께 0.15~0.17mm의 정사각형 유리판으로서, 이들은 현미경 관찰을 할 때 이용된다.

●●● 배양 접시(petri dish)

주로 평판 배양에 쓰이며, 지름 8~10cm, 깊이 1.5cm의 것이 많이 사용된다. 일반적으로 유리(pyrex glass) 제품 이외에 ethylene oxide gas로 멸균되어 있는 plastic 제품도 있으며 이것은 곧바로 사용할 수 있고 사용 후에는 autoclave로 멸균하면 작게 덩어리지게 되므로 버리기에도 편리하다.

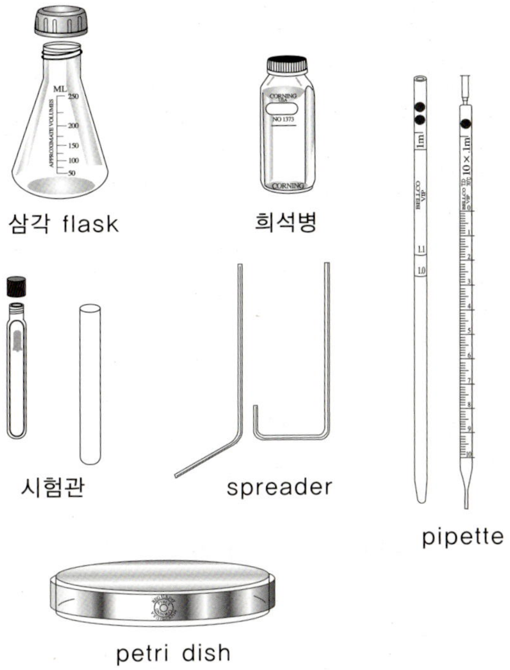

[그림 1-1] 각종 초자 기구

피펫(pipette)

배지의 조제, 미생물의 이식, 균수의 측정 등에 이용되며, 일정한 용적을 취할 수 있는 whole pipette, 눈금이 있어 임의량의 액체를 취하는데 편리한 mass pipette, 측정하는 용적이 극히 미량일 때 사용하는 micro pipette 등이 있다.

기타

비이커(beaker), 깔대기(funnel), 눈금 실린더(mass cylinder), 뷰렛(burette), 도말봉(spreader, conradi 봉), 희석병 등이 사용된다.

1.2 접종 기구

백금이(loop)

① 중량용 백금이

1 백금이의 균액 중량이 2mg이 되도록 만들어진 백금이를 말한다. 보통 직경 1mm의 백금선을 사용하여 내경 2~4mm의 백금이를 만들어 ring 부분에 채워진 균액의 중량이 2mg이 되도록 ring의 크기를 조절한다. 일정 농도의 균액을 제조할 때나 접종 균량을 한정하는 실험을 할 때 사용하며, 액체배지, 사면배지, 평판배지 등에 효모나 호기성 세균을 이식 및 도말할 때 이용한다.

② 표준 백금이

1 백금이의 용량이 정해져 있는 백금이로 1/100mL, 1/200mL, 1/300mL, 1/400mL, 1/500mL, 1/1,000mL 등의 백금이가 1회용 plastic 제품으로 시판되고 있다. 액상 물질 속의 균수 측정에 이용 된다.

백금구(went wire)

백금선의 앞 끝 2~3mm를 직각으로 구부린 것으로 곰팡이 등의 포자 접종용으로 사용한다.

●●● 백금선(needle)

직경이 약 1mm 되는 백금선 또는 nichrome선으로 길이는 약 5~7cm로 만든다. 주로 혐기성 세균의 고층배지 천자 접종(stab inoculation)에 이용된다.

1.3 실험용 기구

●●● 고압증기멸균기(autoclave)

Autoclave는 멸균 온도, 시간 및 배기판이 자동으로 조절되며, autoclave 내에 고압수증기를 주입하여 15lbs, 121℃에서 15~20분간 처리함으로써 멸균 목적을 이룰 수 있다. 대부분의 미생물 배지나 초자 기구의 멸균에 사용되며, 솜, 종이, 목재, 토양 등의 재료도 멸균할 수 있다.

●●● 건열멸균기(dry oven)

Dry oven은 유리 기구류, 금속류 및 도자기류 등의 멸균에 널리 사용되며 150~200℃의 온도를 유지하는 것이 일반적이다.

●●● 배양기(incubator)

각종의 미생물 배지를 접종하여 일정한 방법으로 일정한 온도에 유지 보관함으로써 접종된 미생물의 생장을 유도하기 위한 장치로서 일반 배양기, 진탕 배양기, 연속 배양기 등의 여러 종류가 있다.

일반적으로 곰팡이와 효모는 25~30℃, 세균은 30~37℃에서 배양하므로 수시로 정확한 온도계를 써서 배양기의 온도를 확인해야 하며, 여러 온도를 사용할 때는 각 온도에서 전용 배양기를 사용하는 것이 좋다. 미생물이 접종되는 petri dish는 4개 이상 포개 놓지 않고 petri dish 사이는 2.5cm 정도 떼어 놓아서 배지에 온도 전달이 잘 되도록 해야 한다. 한편 배양 시에는 뒤집어 넣어서 petri dish 내 수증기가 응축하여 배지 표면에 떨어지는 것을 방지해야 한다.

진탕 배양기는 호기성 세균을 진탕 배양하는 진탕 장치가 부착된 배양기이다. 진탕 장치에는 회전식(rotating)과 왕복식(reciprocating)이 있으며, 접종된 액체배지를 담은 여러 크기의 flask를 고정시킬 수 있는 holder를 가지고 있다.

무균상(clean bench)

무균의 실험대 역할을 하는 것이 clean bench로서 깨끗한 공기를 고효율 filter로 제균하여 clean bench 안으로 불어 넣고 외부의 압력보다 높은 air curtain이 형성되어 있어서 외부의 오염된 공기는 들어가지 못하게 차단되어 작업대 위의 공간은 무균 상태로 된다. 또한 내부에서 취급하는 미생물이 밖으로 산란되지 않도록 되어 있으므로 실험자를 보호하기 위해서 clean bench 내에서 미생물을 다루는 것이 좋다. Clean bench에는 대개 초기의 작업대 살균을 위해 자외선등을 장치하고 있다.

집락계수기(colony counter)

Petri dish에 배양한 미생물의 군락의 수를 세는 데에 사용되는 장치로서 확대경을 이용한 일반적인 평판배지용 Quebec colony counter와 전자식 자동계수기 등이 있다.

항온수조(water bath)

항온수조는 주로 멸균한 후에 한천배지를 petri dish에 붓기 전에 응고하지 않도록 45~50℃에 잠시 보관하는 경우에 많이 사용하며 미생물 배양을 실시할 때에도 사용된다. 굳은 한천배지는 98℃ 이상으로 가온해야만 용해되므로 굳은 배지를 용해하는 데에는 항온수조를 사용할 수 없으며, 이때에는 전자오븐이나 autoclave를 사용해야 한다.

●●●광학 현미경(light microscope)

미생물의 형태적 특징을 관찰하기 위하여 광학 현미경을 사용한다.

●●●기타

pH meter, 저울(balance), blender, magnetic stirrer, stomacher, vortex mixer, 온도계(thermometer), 냉장고 등이 사용된다.

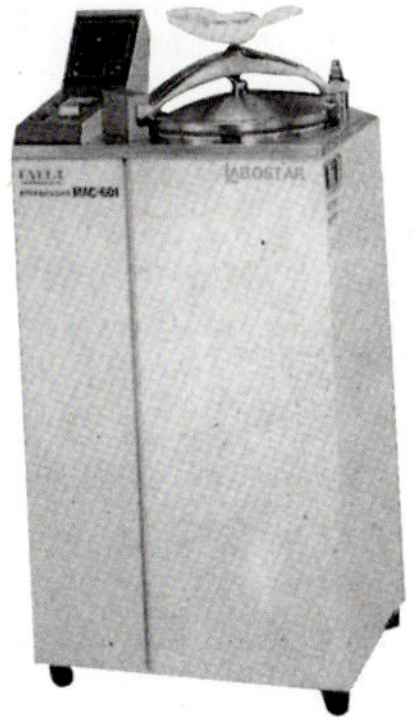

autoclave

dry oven

incubator

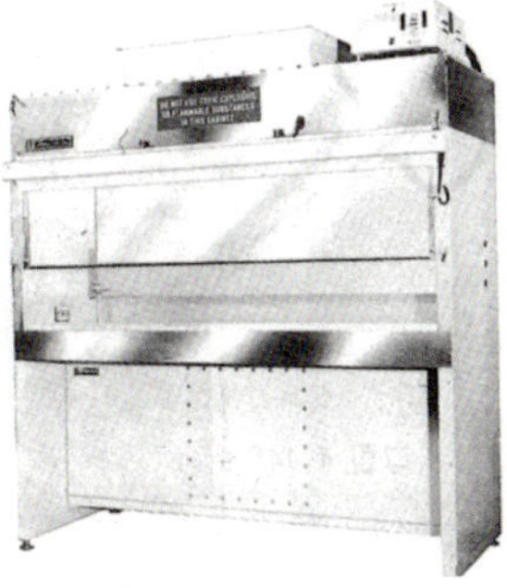

clean bench

|그림 1-2| 각종 기기(계속)

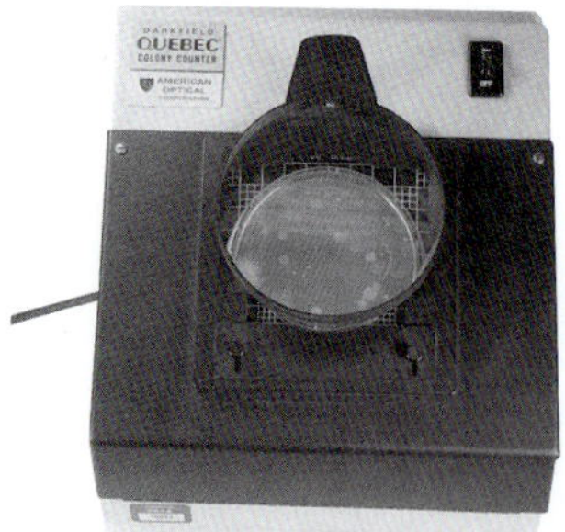

colony counter

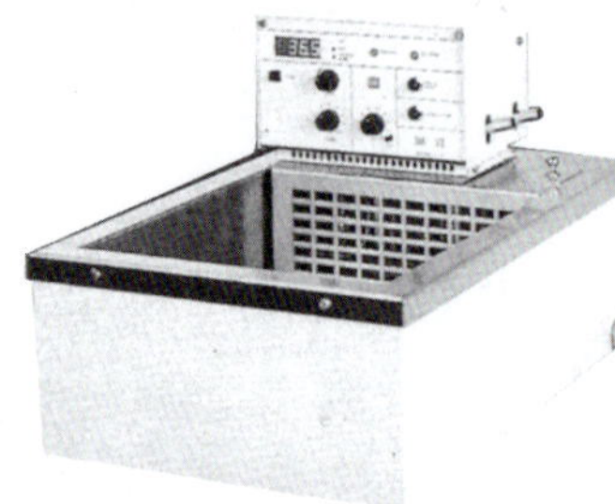

water bath

pH meter

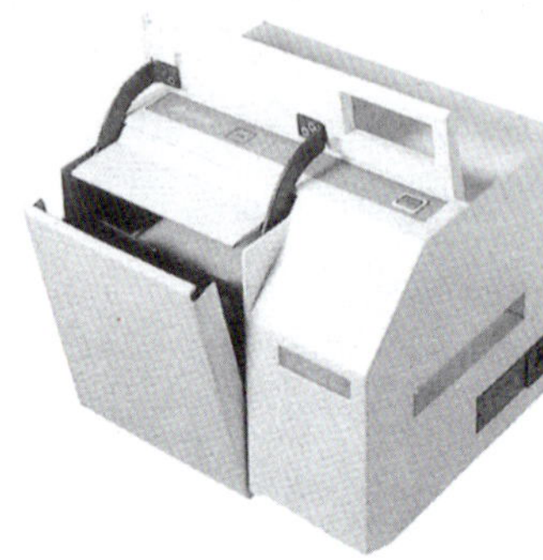

stomacher

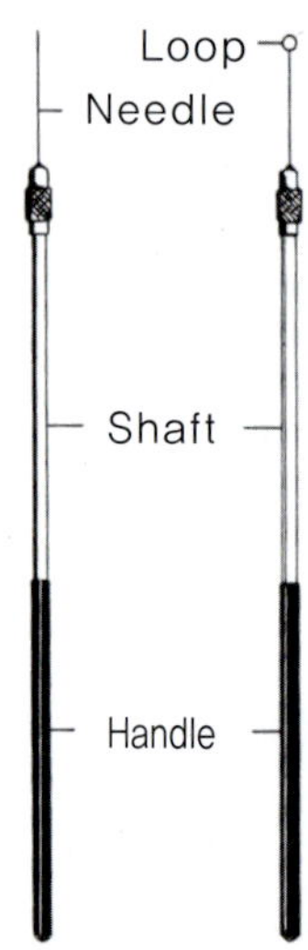

백금선 백금이

Blender

Magnetic stirrer

|그림 1-2| 각종 기기

2 실험실 안전 관리

2.1 실험실 안전 관리의 필요성

미생물 실험은 취급하는 대상이 눈으로 볼 수 없는 작은 생물이므로, 미생물의 종류나 취급 방법에 따라 뜻하지 않은 중대한 결과를 가져오는 경우가 있다. 즉, 실험의 대상이 되는 미생물이 병원성 미생물일 때 부주의하게 다루면 자신이 병원체의 감염을 받을 위험성이 있을 뿐 아니라, 주위 사람에게도 위험을 주게 되므로 주의해야 한다.

또한 미생물 실험에서는 항상 완전한 무균 조작이 따라야 한다. 순수 배양 상태로 보존된 균주이거나, 또는 여러 종류의 균종을 포함하고 있는 재료로부터 목적하는 균주를 분리하여 실험할 경우, 항상 특정한 균주만을 검토할 필요가 있으며, 조잡한 실험 조작으로 인해 균종이나 균주가 혼입되면 그 특정균의 성질과 전혀 다른 결과를 얻게 되기 때문에 모든 노력이 무의미하게 된다. 따라서 미생물 실험을 할 때에는 살균과 무균 조작이 무엇보다도 중요한 것이다.

2.2 주의 사항

미생물을 취급하는 실험자는 미생물의 감염 및 오염의 가능성을 항상 염두에 두고 안전한 실험을 위하여 아래 사항을 준수해야 한다.

① 실험실에서는 항상 깨끗한 실험복을 착용한다.

② 실험실과 실험대는 항상 청결하게 유지하며 오염된 곳은 소독제로 소독한다.

③ 실험대에는 필요한 도구를 제외하고는 불필요한 물건을 올려놓지 않도록 한다.

④ 실험실 내의 각종 기구는 조심스럽게 취급한다.

⑤ 실험 기구 및 약품 등은 깨끗이 정리 정돈한다.

⑥ 실험실 내에서는 흡연과 음식물의 섭취를 금한다.

⑦ 실험 중 실험 재료, 기구, 필기류, 손가락 등 어떤 물건도 입에 대지 말아야 한다.

⑧ 실험 중 창문이나 출입문을 닫아 공기 유통에 의한 잡균 혼입을 방지한다.

⑨ 실험 과정의 내용은 상세히 기술하고, 실험 결과는 사실대로 정확하게 기록한다.

⑩ 실험 중에는 항상 안전에 유의하며 돌발 사고에 대처한다.

⑪ 실험에 사용된 미생물이나 재료, 기타 폐기물을 버릴 때에는 주의하여 처리한다.

⑫ 실험 후에는 사용한 기구를 깨끗이 씻는다.

⑬ 실험실 내의 설비, 기구 및 소모품을 사용 후 원상태로 정돈한다.

⑭ 실험 종료 후 전등, 가스, 수도, 전열기 등이 제대로 처리되었는지 확인한다.

2 Chapter

멸균

실험실에서 미생물을 동정하고 생화학적 검사를 하기 위한 세균의 배양은 필수적이다. 미생물은 다양한 종류의 배지에 접종되거나 이식되어 증식하게 된다. 그러나 미생물을 접종하거나 이식할 때 원하지 않은 미생물이 증식할 수 있으며, 이것을 오염(contamination)이라고 한다. 이러한 오염을 방지하기 위하여 모든 배지와 기구 등은 사용 전에 철저히 멸균 처리되어야 한다.

멸균(sterilization)이란 대상 물체에 존재하는 아포를 포함한 모든 미생물을 완전히 사멸시키거나 제거하는 것으로 멸균 방법에는 크게 열, 자외선, 방사선, 고주파 등을 이용하는 물리적 방법과 약제, gas 등을 사용하는 화학적 방법이 있다. 한편 소독(disinfection)은 대상 물체에 있는 특정한 미생물, 즉 병원성이 있는 미생물을 사멸하는 것을 말한다.

1 멸균법(sterilization)

1.1 화염멸균법(flame sterilization)

가장 확실하고 신속한 멸균 방법으로 불꽃으로 직화 멸균하는 것이다. 백금이, 백금선 또는 면전 및 배양 용기 입구를 gas burner나 alcohol lamp의 불꽃 가운데서 가열 멸균한다. 백금이나 백금선의 멸균법은 우선 니크롬선 부분을 환원염으로 가열시킨 후 산화염으로 옮겨 붉은 색을 띨 때까지 가열한다. 백금이는 전기식 멸균 장치(bacti-incinerator)를 이용하여 화염멸균할 수도 있다.

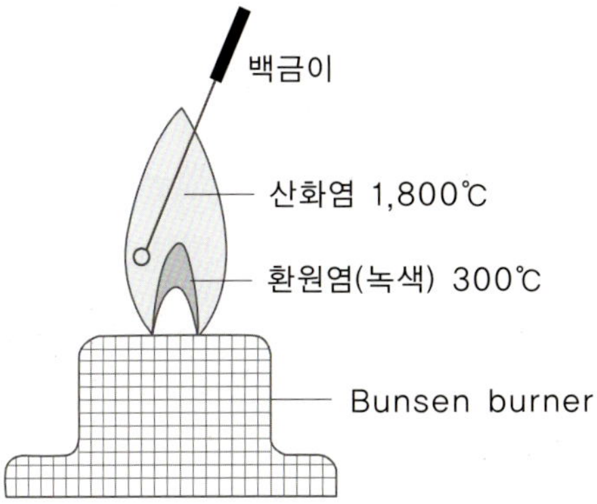

|그림 2-1| 접종 기구의 화염멸균법

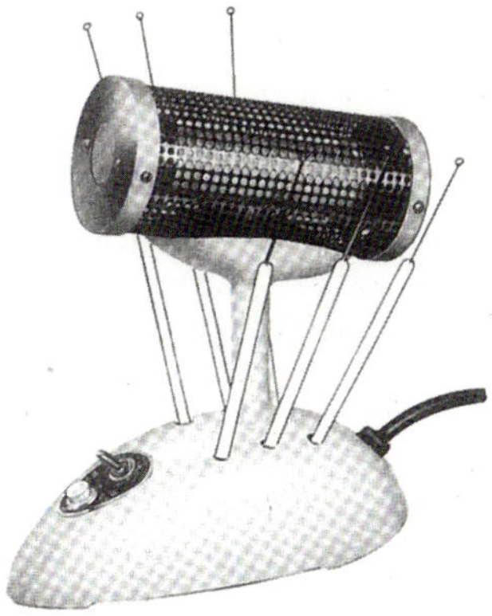

|그림 2-2| 전기식 멸균 장치 (bacti-incinerator)

1.2 건열멸균법(dry heat sterilization)

유리 제품(pipette, petri dish, 시험관, beaker, flask, mass cylinder 등), 금속 제품(약수저 등), 도자기 제품 등의 기구류를 멸균하는 데 알맞은 방법으로 dry oven 안에서 160~170℃로 1~2시간 동안 가열한다.

Pipette은 낱개일 때는 종이로 포장하고 많을 때는 pipette 멸균통에 넣어 멸균한다. Petri dish는 3~5개씩 신문지 또는 aluminium foil로 포장하여 petri dish 멸균통에 넣어 멸균하고, 시험관과 삼각 flask는 솜마개나 금속 cap으로 마개한 후 멸균한다. 멸균기 내의 온도가 100℃ 이하로 되었을 때 멸균기의 문을 열어 내용물을 꺼낸다. 멸균은 솜마개나 유리 기구를 싼 종이의 색이 누런 정도로 되면 충분하다.

1.3 고압증기멸균법(high pressure steam sterilization)

고온의 포화 수증기로 멸균하는 방법으로 autoclave를 사용하고 보통 15lbs, 121℃에서 15~20분간 처리한다. 기구와 배지의 멸균에 가장 알맞은 방법으로, 배지와 실험 용액의 멸균은 대부분 이 방법으로 한다.

배지를 멸균할 때는 너무 과열시키면 배지 성분이 분해되어 균이 발육하지 않을 때가 있으므로 멸균 시간을 정확히 한다. 그러나 내용물의 종류나 양에 따라 적절히 멸균 시간을 조절해야 한다. 멸균이 완전히 되었는지 여부를 알려면 *Bacillus stearothermophilus*의 아포를 부착한 여지를 함께 멸균하여 생사를 확인하는 생물학적 지시제를 사용하거나, 또는 소정의 온도에서 시간에 따라 색이 변하는 멸균 tape와 같은 화학적 지시제를 사용한다.

1.4 여과멸균법(sterilization by filtration)

열에 불안정한 액체 시료(혈청, 당, 요소, 효소 등)의 멸균에 알맞은 방법으로 여과멸균기를 사용하여 세균을 제거시킨다. 옛날에는 Chamberland 여과기, Seitz 여과기, Berkefeld 여과기 등이 사용되었지만 최근에는 투막여과기(membrane filter)가 정밀도도 높고 간편하기 때문에 많이 사용되고 있다. 이들은 고압증기멸균에도 잘 견디므로 사용 전에 aluminium foil에 싸서 멸균하여 사용한다.

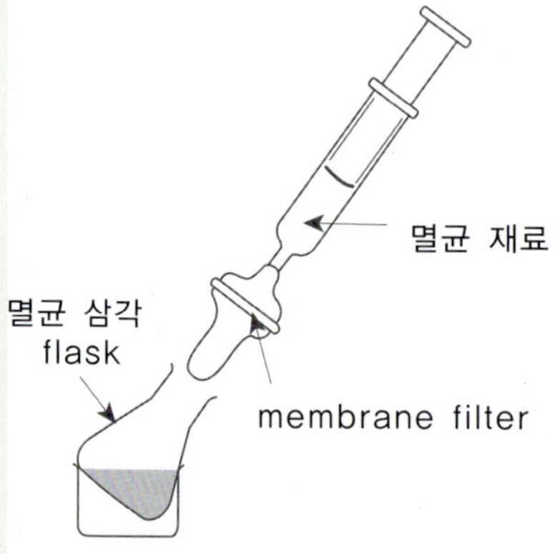

|그림 2-3| Membrane filter에 의한 액체 여과멸균

1.5 가스멸균법(gas sterilization)

산화에틸렌(ethylene oxide)이나 formaldehyde 등의 살균성 gas를 특수한 용기 또는 plastic bag 내에 넣고 30~40℃에서 수시간 이상 처리하여 멸균하는 방법이다. 열에 약한 합성수지 등의 재질로 만들어진 주사기나 petri dish를 건조한 상태에서 멸균하는데 적당하며 ethylene oxide gas 멸균기를 사용한다.

1.6 조사멸균법(irradiation sterilization)

살균 작용이 있는 X선, γ선, 자외선 등을 조사하여 멸균하는 방법이다. 일반적으로 실험실에서는 자외선이 많이 이용된다. 자외선(ultraviolet ray)은 단시간에 강한 살균력이 있으나, 자외선에 의해 유기화합물이 분해되는 경우가 있으므로 약액이나 배지 등의 살균에는 부적당하다. 또한 투과력이 없어 자외선이 조사된 면만 살균력이 나타나므로 실험대 표면이나 공기 또는 물 등의 살균에만 사용된다. 자외선이 직접 눈이나 피부에 닿지 않게 주의해야 한다.

1.7 화학제 멸균법(chemical sterilization)

가열 멸균이 불가능한 고무 제품, plastic 제품, clean bench, 실험대 및 손 등을 살균할 때 이용되며, 살균력이 가장 강한 70% ethanol 용액과 0.1~0.5% 역성 비누액 등을 사용한다.

실험 1 면전 만들기

면전(cotton plug)은 미생물을 배양할 시험관이나 삼각 flask와 같은 유리 기구에 솜으로 마개를 하는 것으로 공기와 같은 기체는 자유로이 통과하나 공중의 미생물과 먼지 같은 고체 미립자는 통과할 수 없기 때문에 미생물에 의해서 생성된 gas와 산소가 치환될 수 있고 잡균 오염이 방지된다. 면전은 탈지하지 않은 솜을 사용하며 탈지한 솜은 물을 흡수하므로 오염의 염려가 많고, 공기도 잘 통하지 않아 사용할 수 없다. 면전 대신에 고무마개, 금속 cap, plastic cap 등을 이용할 수도 있다.

재료 및 기구

① 재료 : 탈지하지 않은 솜
② 기구 : 시험관, 삼각 flask

실험 방법

탈지하지 않은 솜 →

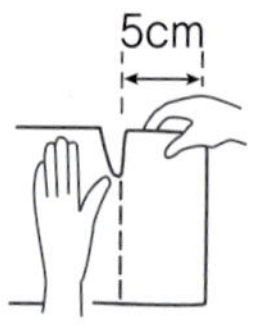

5cm 정도로 자른다. →

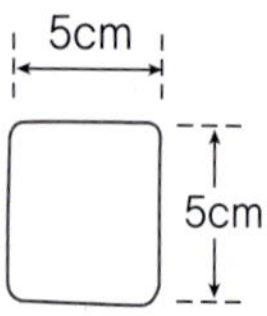

사방 5cm →

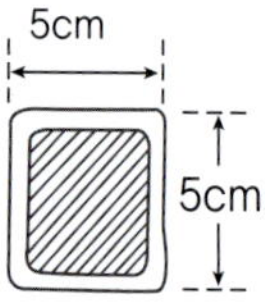

조금 적고 얇은 솜을 위쪽에 포갠다. →

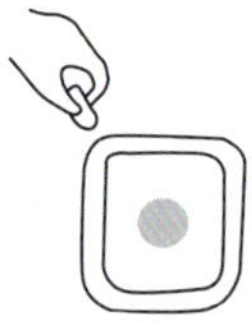

사각모퉁이를 조금씩 잘라 중앙에 옮겨 심을 만든다. →

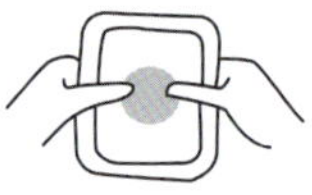

엄지손가락으로 중앙을 눌러 단단히 한다. 다른 네 손가락은 뒤쪽에 살짝 바치고 움직이지 않는 것이 좋다. →

뒤쪽을 보았을 때의 손가락 모양(손가락을 가지런히 한다.)

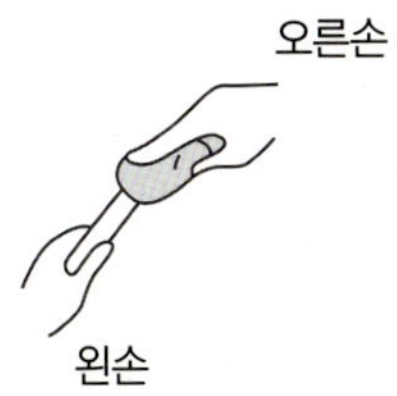

오른손에 든 면전을 누르면서 넣는다.

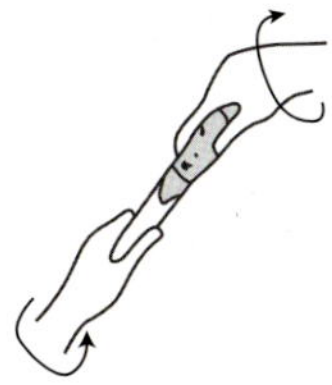

면전은 오른쪽으로, 시험관은 왼쪽으로, 조금 트는 기분으로 넣는다. 무리해서 넣지 않도록 한다.

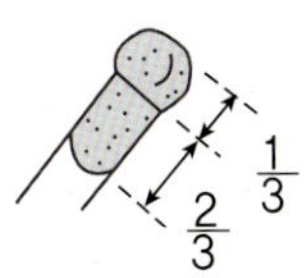

실험 보고서

(Experimental report)

실험일자 : 학년 : 학번 : 이름 :

실험 제목(Title) ....

1. 목적 및 원리(Principle)

....

2. 재료 및 기구(Material & Apparatus)

....

3. 실험 방법(Method)

....

4. 데이터 및 계산(Data & Calculation)

....

5. 결과(Result)

....

6. 고찰(Discussion)

....

7. 참고문헌(Reference)

....

실험 ② 멸균 방법

1 기구의 멸균법

재료 및 기구

① 재료 : 신문지, 면전
② 기구 : pipette, petri dish, 시험관, pipette 멸균통, petri dish 멸균통, dry oven

실험 방법

① pipette

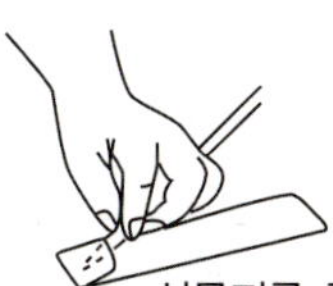

신문지를 좁게 잘라 끝을 접는다.

→

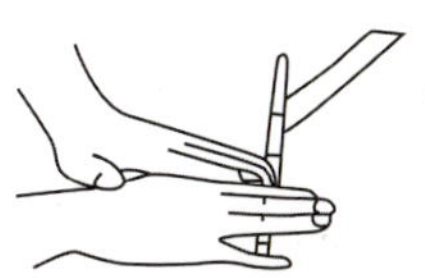

pipette을 비슷하게 놓고 종이를 말아서 놓는다.

→

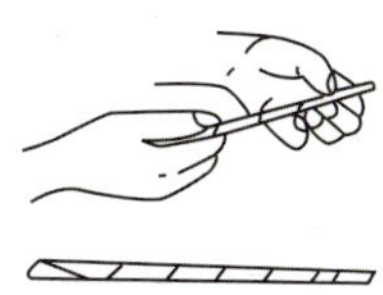

끝을 풀로 붙인다.

→

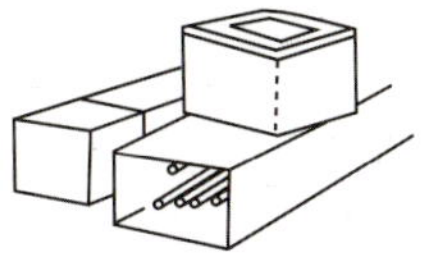

pipette 멸균통에 넣는다.

→

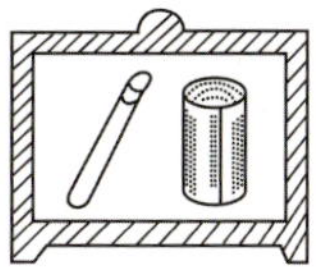

건열멸균(160~170℃ 1시간 정도)

② petri dish

3~5개씩 신문지에 포장한다.

→

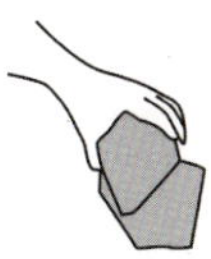

→

petri dish 멸균통에 넣는다.

→

건열멸균(160~170℃
1시간 정도)

③ 시험관

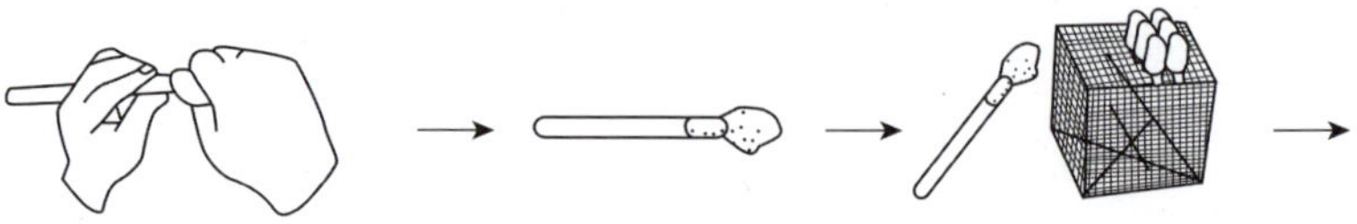

면전을 한다.

철망 용기에
담는다.

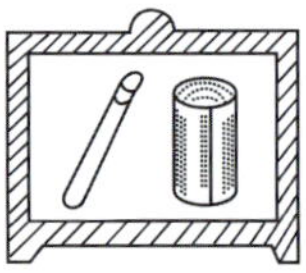

건열멸균(160~170℃
1시간 정도)

2 액체 시료의 멸균법

재료 및 기구

① 재료 : 생리식염수 또는 액체 배지, 면전, aluminium foil
② 기구 : 삼각 flask, 시험관, autoclave

실험 방법

① Autoclave 속에 규정량의 물을 밑부분에 충분히 넣는다.
② 생리식염수를 넣은 삼각 flask나 시험관을 면전한 후 aluminium foil로 덮어 씌우고 철망 용기에 넣어서 autoclave에 넣는다.
③ 뚜껑을 잠그고 온도와 시간을 정확히(121℃, 15분) 맞추고 전원 스위치를 넣으면 자동적으로 멸균 조건에 따라 작동된다.
④ 멸균 시간이 되어 열원이 끊어지면 압력계가 0을 가리킬 때까지 기다린다.
⑤ 뚜껑을 열고 내용물을 꺼낸다.
⑥ 김이 새는가, 물이 충분히 있는가를 확인한다.
⑦ 시료 등이 새어나와서 물이 흐려지기 쉬우므로 때때로 물을 갈아주고 안전핀을 점검하는 등 항상 세심한 주의를 기울인다.

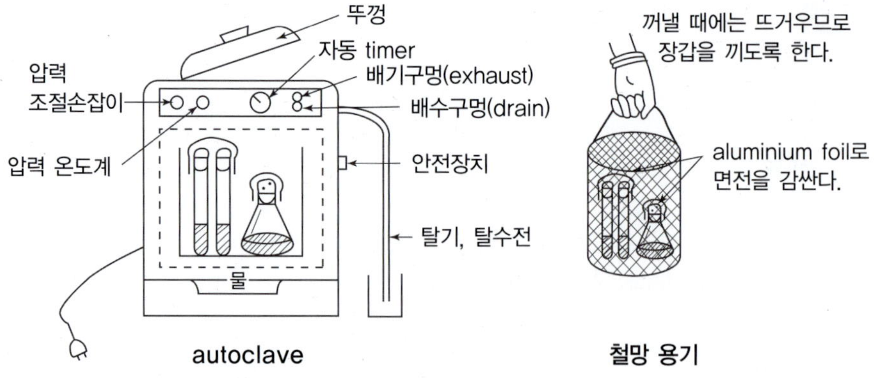

|그림 2-4| Autoclave의 조작

실험 보고서

(Experimental report)

실험일자 : 학년 : 학번 : 이름 :

실험 제목(Title) ....

1. 목적 및 원리(Principle)

....

2. 재료 및 기구(Material & Apparatus)

....

3. 실험 방법(Method)

....

4. 데이터 및 계산(Data & Calculation)

....

5. 결과(Result)

....

6. 고찰(Discussion)

....

7. 참고문헌(Reference)

....

3 Chapter

배지의 조제

미생물의 연구를 위해서는 미생물을 배양해야 하는데 배지(medium)에는 미생물 성장에 필요한 탄소원, 질소원, 무기이온, 아미노산, 비타민 및 생육인자 등의 영양소가 적당히 함유되어 있어 이것에 미생물을 접종하면 증식하기 시작한다. 배지는 미생물의 종류, 생리적 조건 또는 실험 목적에 따라 그 조성을 달리하고 있다.

1 배지(medium)

1.1 배지의 주요 성분

펩톤(peptone)

탄소원 및 질소원으로 가장 많이 사용되며 거의 모든 배지에 함유되어 있다. 동물의 근육, 간, 혈액이나 casein, gelatin, 대두 등의 단백질을 pepsin, trypsin, pancreatin 등의 단백질 가수분해 효소로 분해하여 건조 분말로 만든 것으로 원료 및 제법에 따라 약간에 조성의 차이가 있지만 아미노산과 peptide 등의 가용성 질소화합물이 주성분이다.

육즙 추출물(beef extract, meat extract)

소 또는 말의 근육 부분의 수용성 추출물을 농축, 건조하여 분말 상태로 만든 것으로 아미노산, peptide 외에 유기산류, 인산, 비타민류 등을 함유하고 있어 많은 미생물의 발육에 적당하다.

효모 추출물(yeast extract)

효모에서 추출한 수용성 침출 물질을 농축시킨 담황색 분말로서 아미노산, peptide, glycogen, trehalose, 핵산류, 비타민류를 다량 함유하여 세균의 발육에 좋다.

맥아 추출물(malt extract)

맥아 추출물은 맥아를 당화, 여과시킨 것으로 maltose 등의 당을 많이 함유하고 있어 곰팡이 및 효모의 배양에 적합하다.

감자즙(potato extract)

감자의 수용성 추출물에 glucose를 첨가한 것으로 곰팡이나 효모 배양에 좋다.

혈액 및 혈청(blood and serum)

혈액은 단백질 이외에도 여러 가지 많은 영양 성분을 함유하고 있는 중요한 배지 재료의 하나이다. 특히 *Haemophilus*속의 균은 증식에 heme 성분이 발육인자로 요구되므로 배양할 때 혈액을 반드시 가한다.

담즙 및 담즙산염(bile and bile salt)

신선한 담즙, 담즙 분말 또는 담즙산염을 배지에 첨가하여 균의 증식을 억제하거나 촉진하는 증균배지나 감별배지 조제에 쓰인다.

한천(agar)

해조류에서 추출한 다당체(agarose, agaropectin)로 고도의 gel화 능력을 갖고 있으며, 냉수에는 녹지 않고 90~95℃로 가열하면 녹지만, 용해 후 40~45℃에서 응고된다. Agar는 영양분을 함유하지 않을 뿐만 아니라 미생물에 의해서 가수분해되지 않기 때문에 배지의 고형화제로 매우 적합한 성분으로 배지 중의 첨가량은 1.5~2.0%가 일반적이다.

젤라틴(gelatin)

동물의 뼈, 피부, 인대 등을 물로 가열 추출하여 건조시킨 황갈색의 입자 또는 분말로 일명 아교라고도 한다. 세균학 발달 초기에는 고체배지에 이용되었으나, 용해 온도가 37℃ 이하이고 gelatin을 소화시키는 균이 있으므로 현재는 고형화제로 사용하지 않고 단백질 분해 시험 중의 하나인 gelatin 액화 시험에만 이용된다.

1.2 배지의 종류

성분에 따른 분류

① 천연배지(natural medium)

배지의 주요 성분으로 peptone, 육즙 추출물 또는 맥아 추출물 등 천연 물질을 사용하여 만든 배지로, 충분한 영양분은 함유하고 있으나 각 성분의 양 및 종류 등을 정확하게 표시할 수 없는 것으로 미생물의 증식 및 분리 배양 등에 쓰인다.

② 합성배지(synthetic medium)

화학적 성분이 분명한 순수한 물질을 일정량 혼합하여 만든 것으로 구성 성분의 화학적 조성 및 양을 정확하게 알 수 있다. 미생물의 생화학적 성상, 균체 성분, 미생물의 대사 및 유전 연구 등에 쓰이며 최소 영양배지라 한다.

물리적 성상에 따른 분류

① 액체배지(liquid medium, broth)

배지 내에 agar를 첨가하지 않은 액체 상태의 배지로 미생물의 증식, 당 분해 시험, 미생물의 생화학적 성상 검사, 대사산물의 검출 등에 사용된다.

② 고체배지(solid medium)

액체배지에 배지의 고형화를 위해 agar를 첨가한 배지로 고체 상태이며 집락의 형태 관찰, pure culture의 분리 또는 장기 보관에 이용된다. 형태에 따라 다음과 같이 구분된다.

· 평판배지(plate medium) : Petri dish에 고체배지를 약 4mm 두께(15~20mL) 정도로 굳힌 것으로 미생물의 분리 배양, 집락의 관찰, 용혈능 및 항생제 감수성 검사 등에 사용된다.
· 사면배지(slant medium) : 시험관에 고체배지를 약 30° 경사가 되도록 굳힌 것으로 호기성 미생물의 증식 및 보존, 세균의 생화학적 검사 등에 쓰인다.
· 고층배지(stab medium) : 시험관에 고체배지를 수직으로 세운 상태로 굳힌 것으로 미호기성균이나 혐기성균의 배양, 균주의 보존, 세균의 운동성 시험 등에 사용된다.

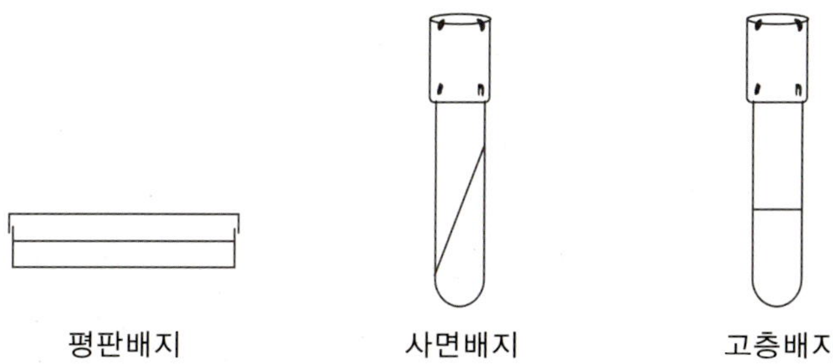

|그림 3-1| 고체배지의 종류

③ 반고체배지(semisolid medium)

젤리 같은 반고형상의 배지로 적은 양(0.3~0.5%)의 agar가 함유되며, 세균의 설탕 이용성이나 운동성을 관찰하는 데 이용된다.

사용 목적에 따른 분류

① 증식배지(growth medium)

여러 종류의 영양소를 적당량 함유한 배지로 미생물의 증식, 순수배양, 보존 등 일반적인 배양에 쓰인다.

② 증균배지(enrichment medium)

많은 미생물이 혼합된 경우 특정한 균종만을 다른 균종보다 빨리 증식시켜 분리 배양이 쉽게 되도록 한 배지이다. 배지 내에 원하는 미생물의 증식을 촉진하는 물질과 원하지 않는 미생물을 억제시키는 물질이 포함되어 있다.

③ 선택배지(selective medium)

두 종류 이상의 미생물이 혼합되어 있는 검체에서 원하는 미생물만을 선택적으로 분리 배양하는 데 사용하는 배지로 색소, 중금속, 화학 약품, 항균제 등 원하지 않는 미생물의 증식을 억제하는 물질을 함유하고 있다.

④ 감별배지(differential medium)

순수배양된 미생물의 특정한 효소 반응을 정성적으로 확인하여 균종의 감별과 동정을 하기 위한 배지로 감별이 용이하도록 지시약 등의 화학 물질을 첨가한다.

⑤ 수송배지(transport medium) 또는 보존배지(preservative medium)

분리 배양하기 전까지 시간이 늦어지거나 검사 재료를 수송할 때 사용하는 배지로 검사 재료 중의 미생물이 너무 많이 증식하거나 사멸되지 않도록 만든 배지이다.

2. 배지의 제조

배양하고자 하는 미생물의 종류에 따라 가장 적합한 배지를 선택하여 사용하여야 하며, 미생물의 종류와 배지의 구성 성분에 따라 배지 제조법이 달라질 수 있다. 일반적으로 배지를 제조할 때 기본적인 주의 사항은 다음과 같다.

주의 사항

① 배지를 담을 유리 용기는 깨끗해야 한다.

② 특별히 언급한 경우가 아니면 증류수를 사용한다.

③ 배지 내용물은 정확히 무게를 달아 언급된 순서대로 첨가한다.

④ 상품화된 배지는 신뢰할 수 있는 제조 회사의 제품을 사용하고, 보관 방법, 보관 기간, 제조 방법 및 멸균 방법 등을 지켜야 한다.

⑤ 배지를 만들 때는 너무 장시간 가열하거나 필요 이상의 온도나 압력을 가하면 배지 성분이 파괴된다.

⑥ pH meter로 배지의 적정 pH를 맞춰야 한다. 필요한 경우 묽은 수산화나트륨(1N NaOH)이나 묽은 염산(1N HCl)을 첨가하여 pH를 조절한다.

⑦ 중탕 또는 가열하여 녹인 배지는 투명해야 하며 필요한 경우 여과지로 여과하여 사용한다.

⑧ 한천배지의 제조 시에는 미리 중탕하여 녹인 다음 고압증기멸균을 실시한다. 배지가 녹을 때 거품이 일어 넘칠 수 있으므로 배지 용량보다 2배 이상 큰 flask를 사용하여야 한다.

⑨ 시험관에 배지를 부을 때는 시험관 벽 윗부분에 배지가 묻지 않도록 한다.

⑩ 시험관에 막은 면전은 멸균 시 증기의 압력으로 빠지지 않도록 단단하게 막는다.

실험 ③ 배지의 조제

미생물을 배양하고 분리 동정하기 위해서는 적절한 배지의 선정과 함께 배지의 멸균과 제조가 적절히 이루어져야 한다.

1 액체배지의 제조

재료 및 기구

① 배지 : 액체배지(nutrient broth)
② 재료 : 1N HCl, 1N NaOH, 증류수, 면전
③ 기구 : 약수저, 저울, mass cylinder, beaker, 삼각 flask, pH meter, autoclave

실험 방법

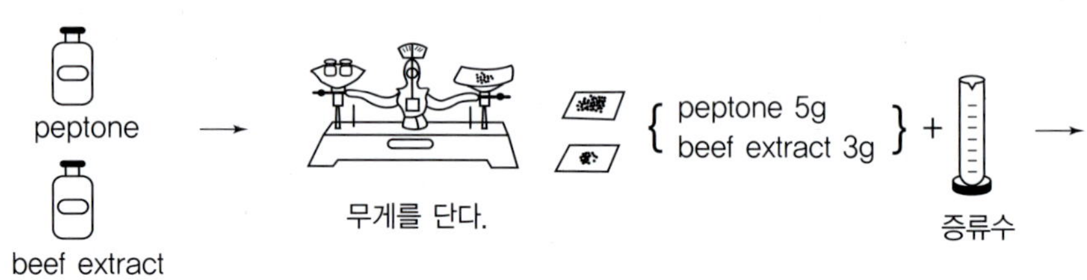

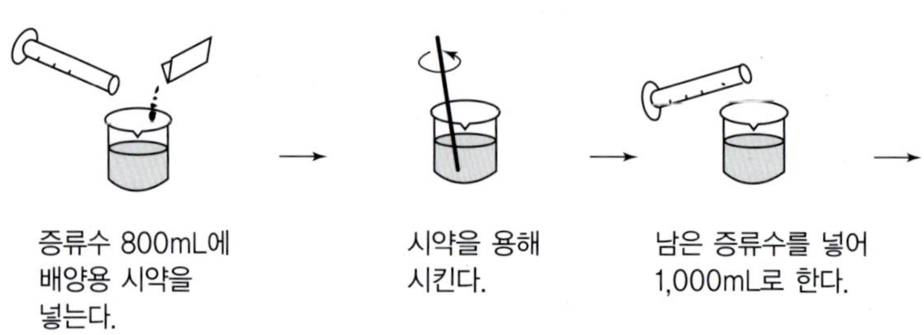

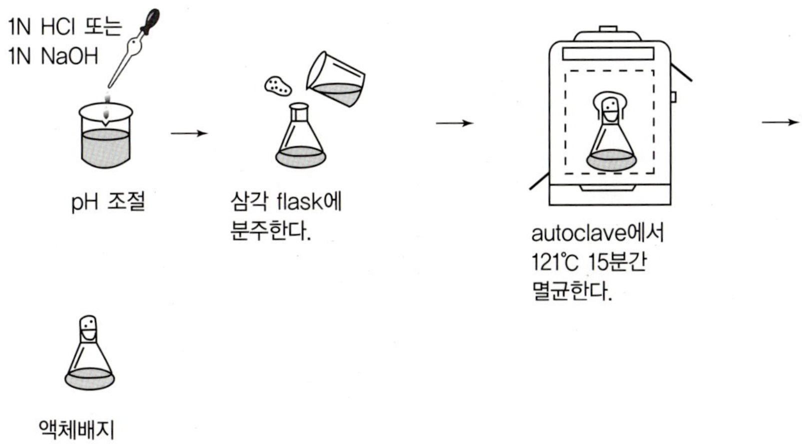
1N HCl 또는
1N NaOH
pH 조절
삼각 flask에
분주한다.
autoclave에서
121℃ 15분간
멸균한다.
액체배지

2 고체배지의 제조

재료 및 기구

① 배지 : 고체배지(nutrient agar)
② 재료 : 증류수, 면전
③ 기구 : 약수저, 저울, mass cylinder, beaker, 시험관, petri dish, alcohol lamp, autoclave

실험 방법

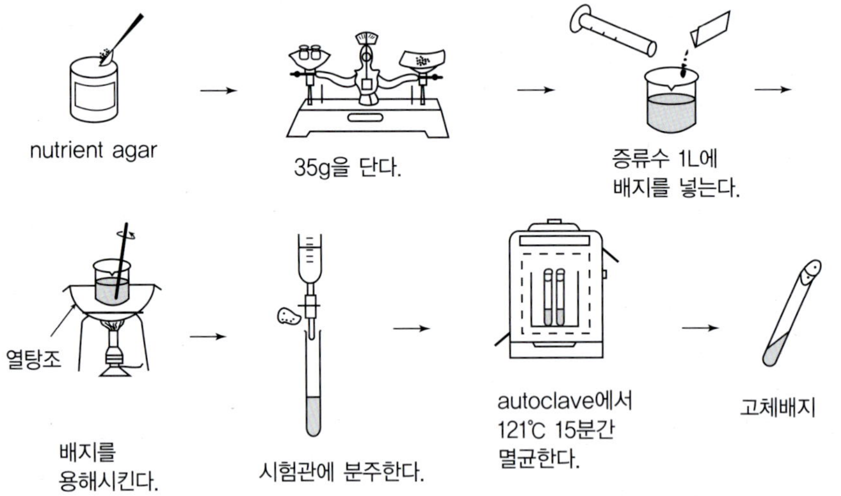

① 평판배지

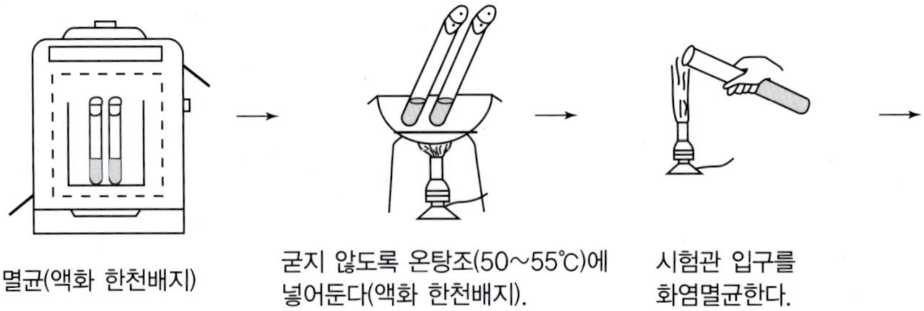

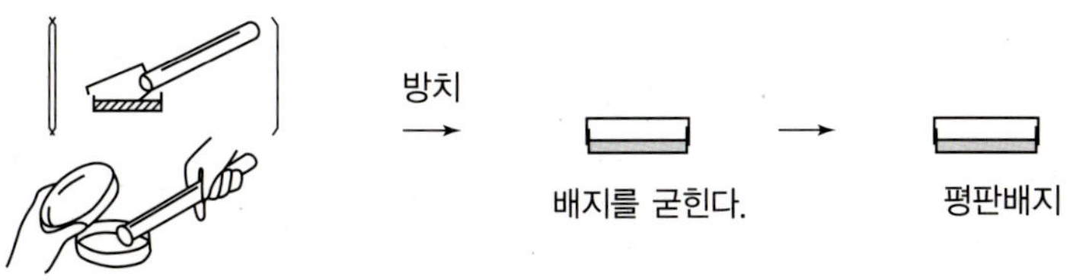

petri dish의 뚜껑을 조금 열고
액화 한천배지를 15~20mL 넣는다.

② 사면배지

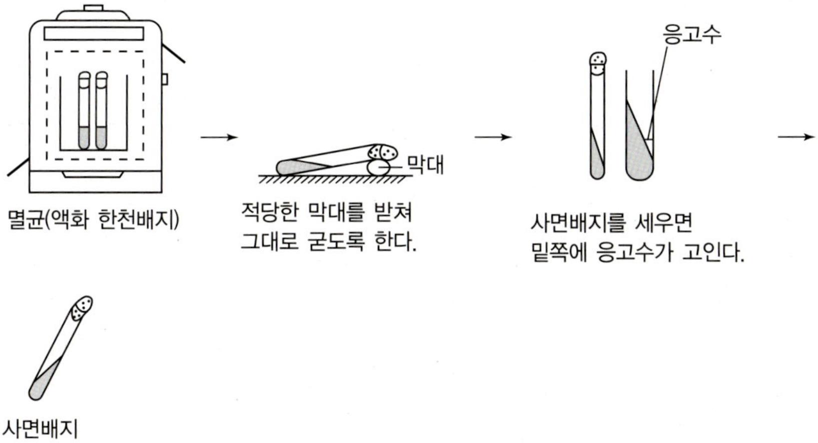

③ 고층배지

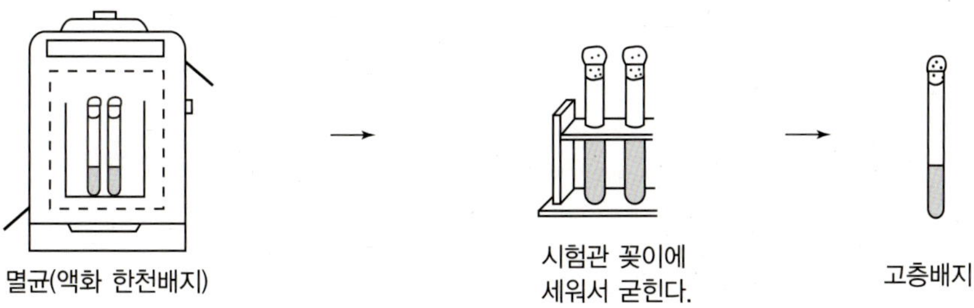

실험 보고서

(Experimental report)

실험일자 : 학년 : 학번 : 이름 :

실험 제목(Title) ....

1. 목적 및 원리(Principle)

....

2. 재료 및 기구(Material & Apparatus)

....

3. 실험 방법(Method)

....

4. 데이터 및 계산(Data & Calculation)

....

5. 결과(Result)

....

6. 고찰(Discussion)

....

7. 참고문헌(Reference)

....

4 Chapter

미생물의 배양

미생물은 토양, 공기, 물, 음식물, 폐수 및 동물의 체내외 등 거의 모든 곳에서 발견된다. 그러나 미생물의 종류 및 양은 그 미생물이 서식하는 물리적, 화학적, 생물학적 환경에 따라 매우 다르다. 배양(culture)이란 미생물 증식에 적합한 환경을 인위적으로 조성하여 미생물을 키우는 것으로, 연구, 조사 또는 공업적인 목적으로 미생물을 배양한다. 미생물의 배양에는 배지, 산소, 온도 등 여러 가지 물리적, 화학적 및 생물학적 인자들이 관여한다.

1 배양 방법(culture method)

1.1 호기성 배양법(aerobic culture method)

호기성균 및 통성혐기성균을 공기 환경 하에서 배양하는 방법이다. 배지의 건조를 방지하고 세균의 오염을 방지하기 위하여 접종된 평판을 뒤집어서 배양한다. 액체배지 배양시 진탕 배양을 하면 산소의 주입이 빨라 세균의 증식이 더욱 왕성해진다. 대부분의 세균은 35~37℃에서 잘 발육하며 효모 및 곰팡이는 25~28℃에서 배양한다.

1.2 미호기성 배양법(microaerophilic culture method)

미호기성 배양법을 시행하는 경우는 주로 *Campylobacter*의 분리를 위해서 시행한다. *Campylobacter*는 5~10%의 CO_2와 5% 전후의 O_2 분압 조건이 있어야 발육한다. 특수한 혼합 gas($N_2 : CO_2 : O_2 = 85 : 10 : 5$)를 jar 내에 주입하여 배양한다. 이와 같은 환경이 될 수 있도록 가스 발생 봉투가 시판되고 있다.

1.3 혐기성 배양법(anaerobic culture method)

편성혐기성 세균의 배양에 이용되는 방법으로는 gas-pak법, 혐기성 chamber법 및 질소 gas 유입법 등이 있으며, 가장 일반적으로 사용되는 것은 gas-pak법이다. 또한 탄산가스 배양법은 5~10%의 CO_2를 포함하는 환경에서 배양하는 방법으로 통성혐기성 배양법의 일종이다. 탄산가스 배양법은 상품화된 CO_2 배양기를 이용하거나 촛불 배양법(candle jar)을 이용한다.

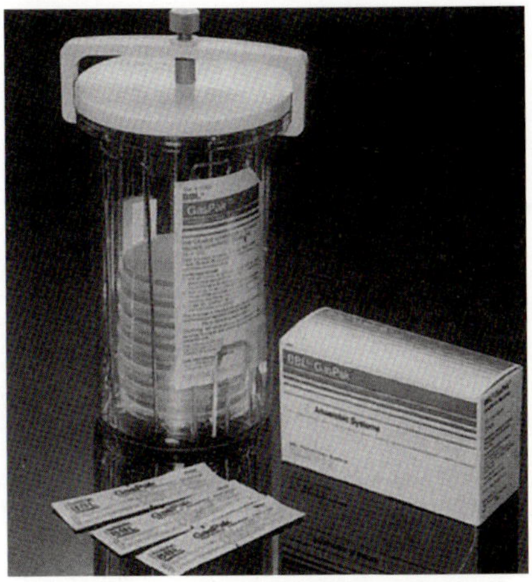

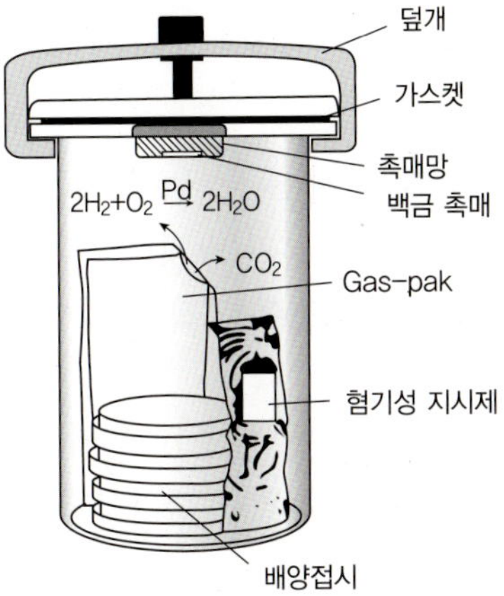

그림 4-1 혐기성 배양 장치(gas-pak법)

실험 4 환경 중의 미생물 배양

주위 환경과 자신의 신체로부터 시료를 채취하여 배양한 후 평판배지에 형성되는 미생물의 특징을 관찰한다.

재료 및 기구

① 배지 : Sabouraud dextrose agar, nutrient agar
② 재료 : 생리식염수, 솜
③ 기구 : 삼각 flask, petri dish, autoclave, incubator

실험 방법

① 시료 채취 장소를 선택하여 petri dish 뚜껑을 열어 평판배지를 공기 중에 30~60분간 방치한다.
② 멸균 생리식염수를 적신 솜으로 실험대 등의 표면을 닦아 평판배지 표면에 묻힌다.
③ 신체(머리카락, 손 등)로부터 시료를 평판배지 위에 놓는다.
④ 신체의 일부를 멸균 생리식염수를 적신 솜으로 닦아 평판배지 표면에 묻힌다.

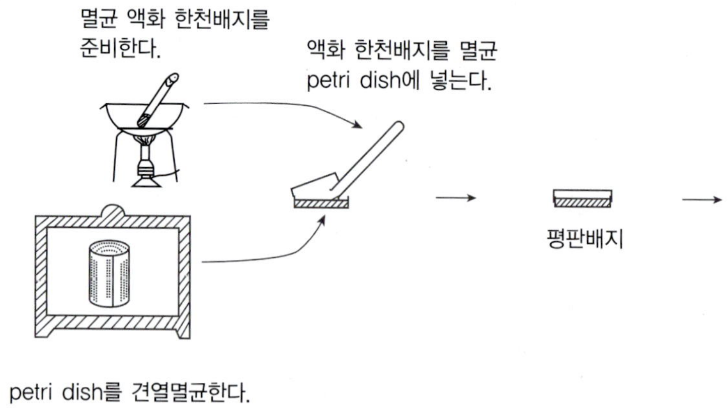

공기 중 미생물

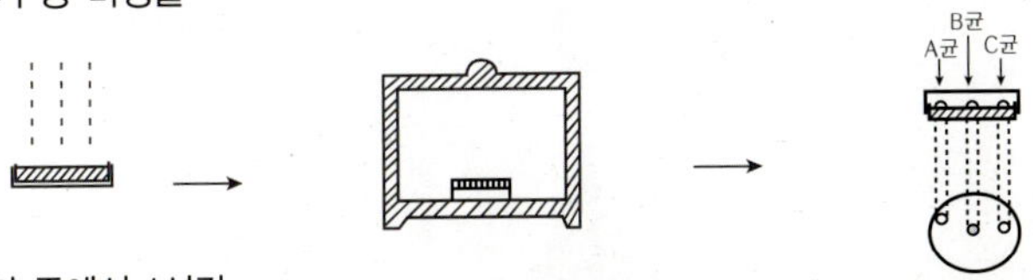

공기 중에서 1시간 개방시켜 둔다.

petri dish를 도치하여 30℃에서 수일간 배양한다.

colony가 발생한다.

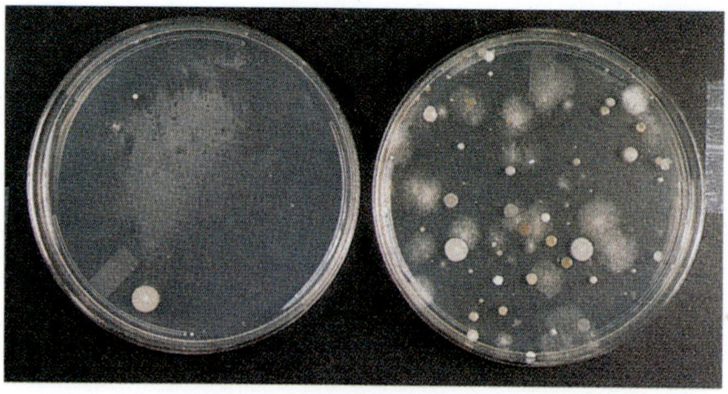

A

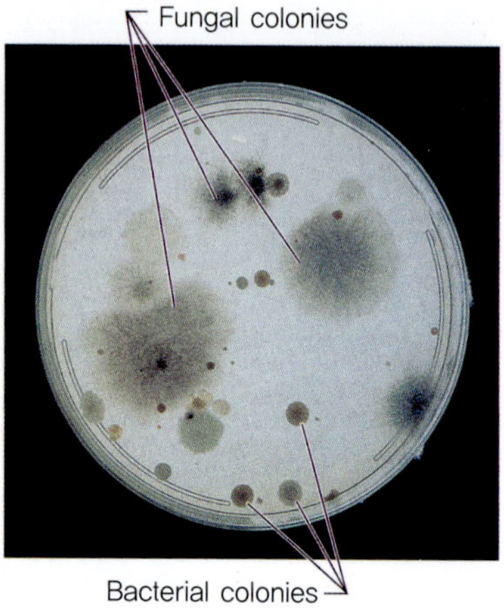

B

|그림 4-2| Nutrient agar에서 공기 중의 세균(A)과 곰팡이(B)

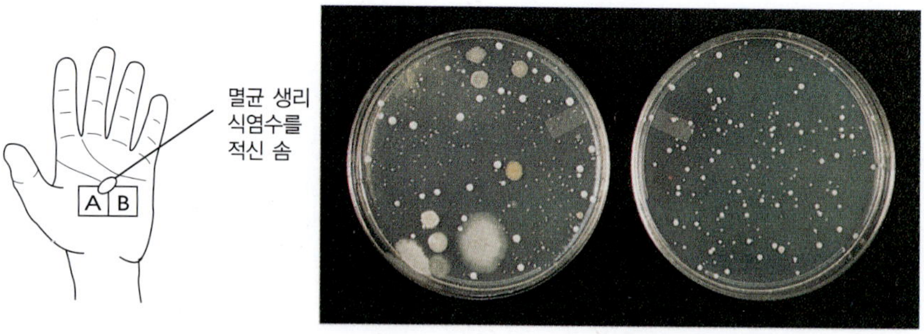

A B

|그림 4-3| 신체의 씻기 전(A)과 씻은 후(B)의 미생물

실험 보고서

(Experimental report)

실험일자 : 학년 : 학번 : 이름 :

실험 제목(Title) ....

1. 목적 및 원리(Principle)

....

2. 재료 및 기구(Material & Apparatus)

....

3. 실험 방법(Method)

....

4. 데이터 및 계산(Data & Calculation)

....

5. 결과(Result)

....

6. 고찰(Discussion)

....

7. 참고문헌(Reference)

....

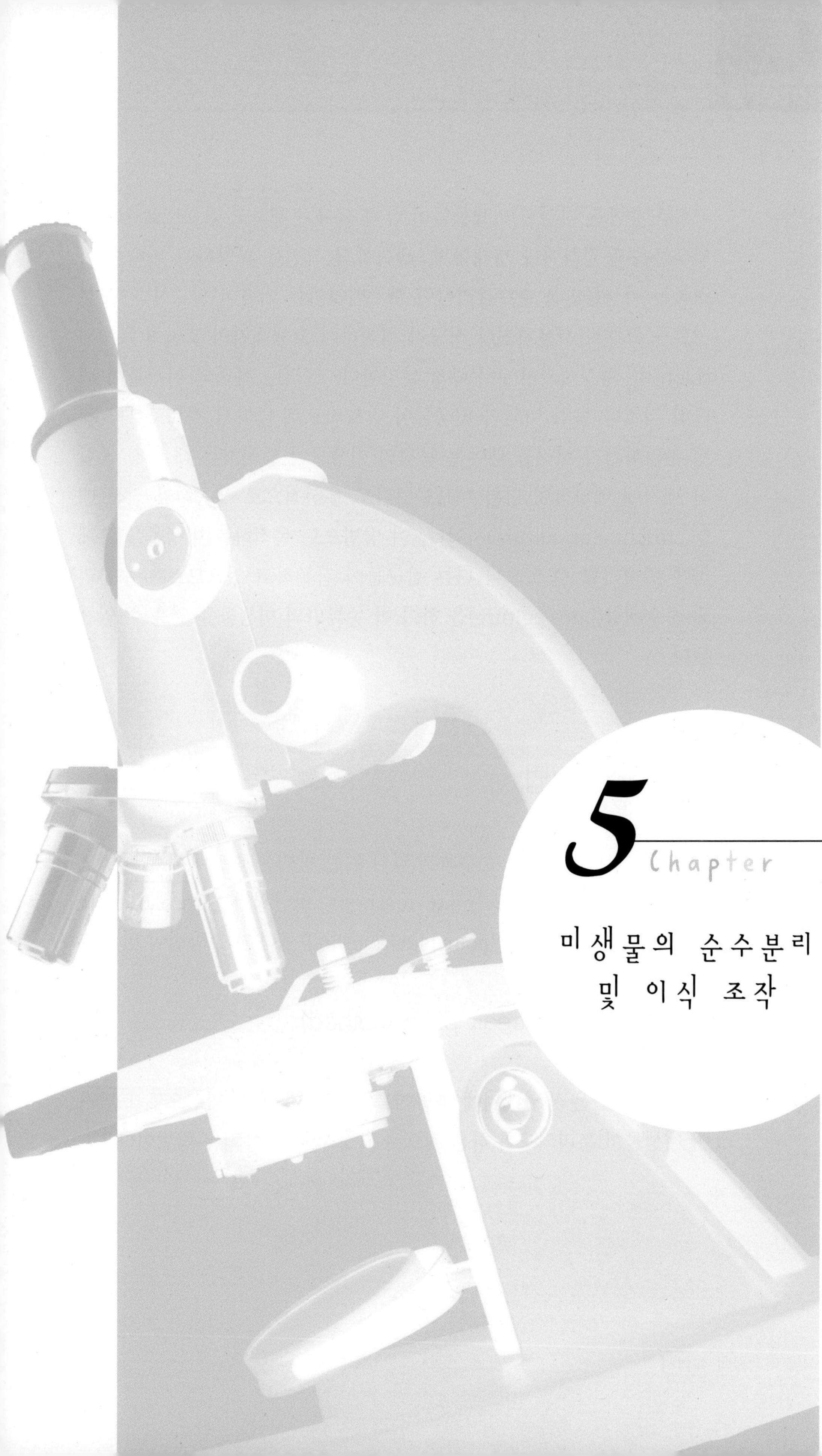

5 Chapter

미생물의 순수분리 및 이식 조작

식품 중에는 다양한 미생물들이 함께 섞여 존재하고 있으므로 원하는 미생물을 동정하거나 형태학적, 생화학적 특성을 파악하기 위해서 목적하는 미생물만을 순수분리하여 순수배양하는 기술이 필요하다. 보통 시료를 그대로 사용하거나 적당히 희석하여 고체배지의 표면에 독립된 colony를 형성시켜서 순수하게 분리한다. 그러나 목적의 미생물이 대단히 적거나 목적 이외의 미생물이 압도적으로 많아서 시료로부터 직접 분리하기가 어려울 때에는 목적의 미생물이 증식하는 데 가장 적합한 배지에 배양하여 다른 미생물보다도 우선적으로 생육시켜 집식 배양(enrichment culture)시킨다. 이 방법으로 목적하는 미생물을 우세하게 번식시킬 수 있으나 다른 잡균들이 잔존하고 있으므로 순수분리 및 순수배양(pure culture)을 하여 한 종류만의 미생물을 얻을 수 있게 된다.

1 순수분리법

목적하는 미생물만을 순수하게 얻기 위한 방법은 평판배지 분리 방법으로 획선평판법(streak plate method), 확산평판법(spread plate method) 및 주입평판법(pour plate method) 등 3가지 방법이 있다.

1.1 획선평판법(streak plate method)

획선평판법은 평판배지에 백금이를 사용하며 계속 획선으로 도말하여 미생물이 분리되도록 하는 것으로 가장 많이 사용되는 방법이다.

1.2 확산평판법(spread plate method)

확산평판법은 소량의 희석 균액을 평판배지에 떨어뜨린 후 conradi 봉(spreader)을 사용하여 배지의 표면 위에 넓게 펴는 방법이다.

1.3 주입평판법(pour plate method)

주입평판법은 시료 균액을 45~50℃로 식힌 액상 한천배지로 몇 차례 희석한 후 petri dish에 주입하고 혼합하여 평판을 만드는 방법이다.

2 순수배양법

순수배양(pure culture)은 단지 한 종류만의 미생물을 배양하는 것으로 미생물을 보존하거나, 증식 특성, 병원성, 대사, 항생제 감수성 등을 검사하기 위하여 필요한 것이다.

2.1 고체배양법

순수하게 분리된 미생물의 보존, 형태 및 생리 등의 관찰에 이용하며 사면배양법과 천자배양법이 있다.

사면배양(slant culture, streak culture)

호기성균의 순수배양에 이용된다. 백금선으로 종균을 취하여 사면배지 위를 아래쪽에서 위쪽으로 가볍게 직선 또는 지그재그로 선을 긋는다. 백금이는 세균, 효모의 경우에는 백금이나 백금선을 사용하고, 곰팡이나 버섯 같은 경우에는 백금구를 사용하는 것이 편리하다.

●●● 천자배양(stab culture)

혐기성균의 배양에 이용하며 백금선의 끝에 종균을 묻혀서 고층배지의 시험관 입구를 거꾸로 하여 배지의 표면 중앙에서 내부로 향하여 수직으로 찌른다.

2.2 액체배양법

미생물의 생태 및 생리의 관찰, 발효 생산물의 시험, 균체를 대량으로 얻고자 하는 경우, 배양액 중에 통기를 할 필요가 있을 경우 등에 보통 액체배양을 한다.

●●● 정치배양(stationary culture)

호기성균은 생육에 산소를 요구하므로 배양 용기의 크기에 비하여 내부의 배지량은 적게 하고 액층을 얕게 하여 산소 공급이 잘 되도록 하여야 한다.

●●● 진탕배양(shaking culture)

호기성균을 보다 활발하게 증식시키기 위하여 배양 용기를 연속적으로 진탕함으로써 통기와 교반 효과를 얻어 액내에 대량의 공기가 용해될 수 있는 방법으로 소량의 배양에는 진탕배양법이 흔히 이용된다.

●●● 통기배양(submerged culture)

실험실에 있어서 대량의 배지를 배양하려면 jar fermentor를 이용하여 액체배지 중에 직접 무균 공기를 주입하여 통기 교반 배양을 한다. Jar fermentor는 배양 중에 통기량, 교반 속도, 온도, pH 등을 조정할 수 있게 설계되어 있어 미생물의 배양 조건을 연구 검토하는 데 적합한 장치이다. 또한 공업용 발효조와 구조, 통기 및 교반 방법이 거의 같으므로 산업적인 생산을 위한 기술적인 자료를 얻는 데도 이용된다.

3 이식 조작

미생물 균체를 한 배지에서 다른 배지로 옮기는 것을 이식(subculturing)이라고 하며, 이식 조작은 미생물 실험에 있어서 가장 중요한 기본 조작이다. 시험관 내의 보존 균주를 새로운 배지로 옮기거나, petri dish에 나타난 colony로부터 미생물을 분리시킬 때에는 항상 잡균의 침입을 방지하기 위해서 무균적으로 하여야 한다. 따라서 clean bench 내와 같은 무균 상태에서 조작하거나 그렇지 못한 경우에는 잡균이 침입 못하게 불꽃 가까이에서 민첩하게 조작하여야 한다. 이식 조작의 요령은 아래 그림과 같다.

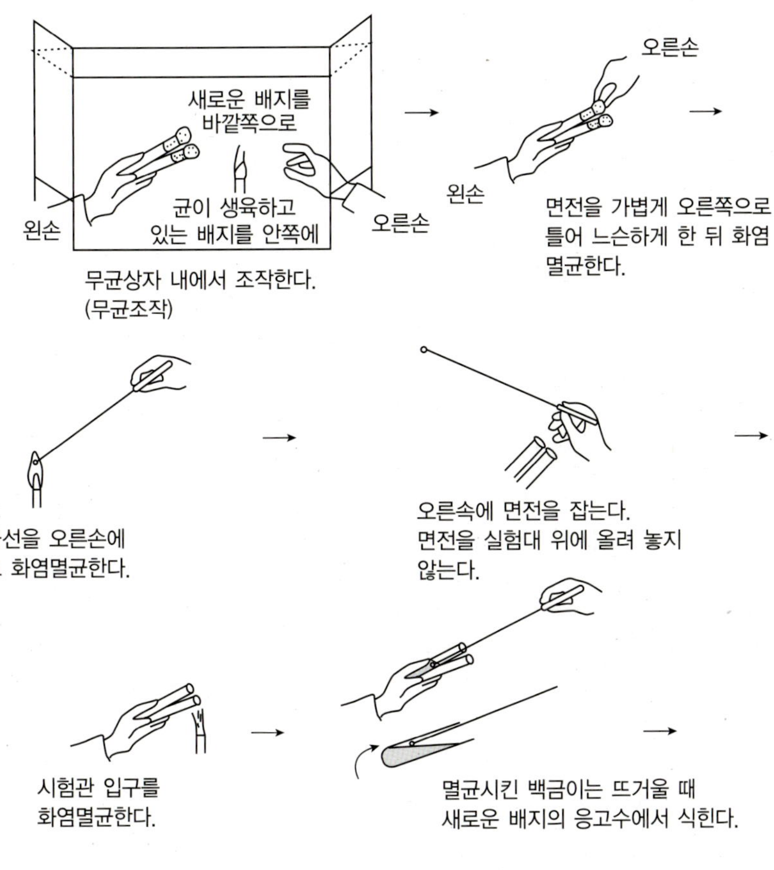

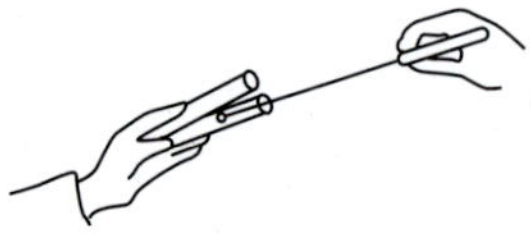

균이 생육하고 있는
배지(내측)로부터 균을
백금선으로 소량 취한다.

균의 생육 상태를
관찰하는 경우

다량의 균을 필요로
하는 경우

새로운 배지(외측)의
표면에 백금선으로
가볍게 선을 긋는다.

→

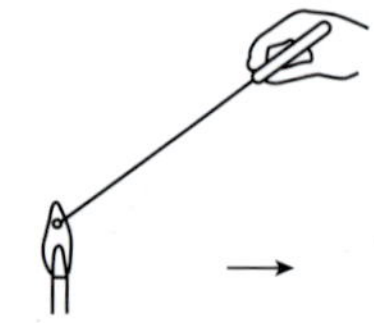

→

이식이 완료되면 바로
화염멸균시킨다.

시험관 입구를
화염멸균시킨다.

→

면전한다.

→

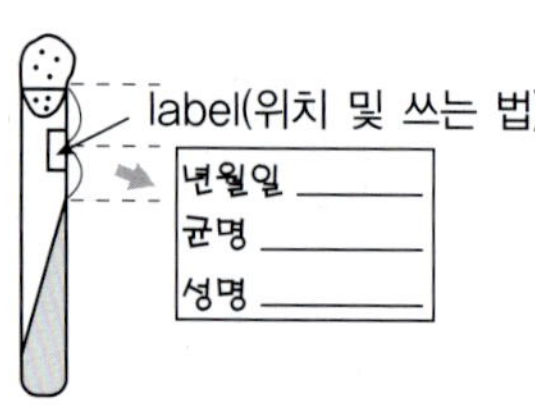

이식이 완료되면 시험관
꽂이에 세워 label을
붙여 둔다.

실험 5 미생물의 순수분리

1 획선평판법(streak plate method)

재료 및 기구

① 균주 : 혼합 균주 액체 배양액 – *Staphylococcus aureus, Bacillus cereus*
② 배지 : Tryptic soy agar
③ 기구 : 백금이, petri dish, 시험관, autoclave, incubator

실험 방법

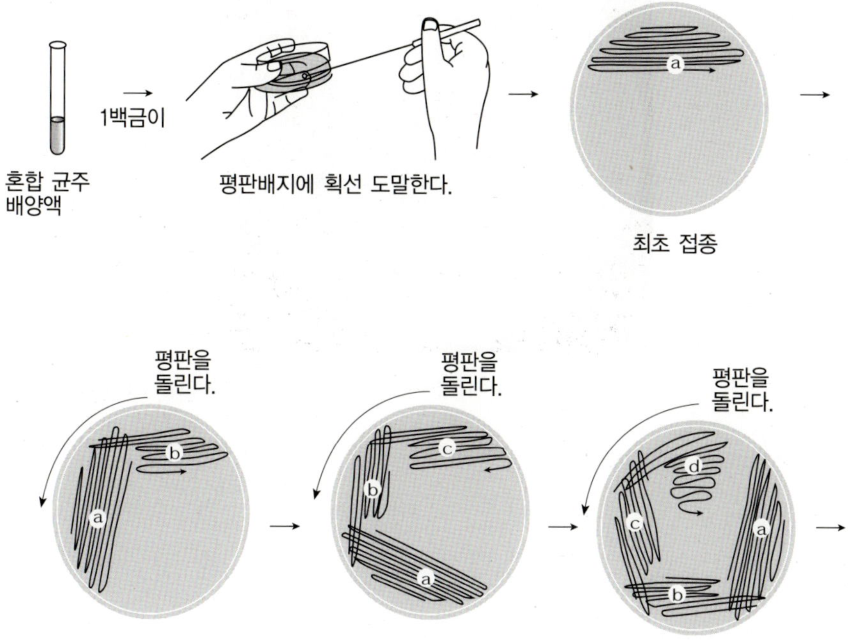

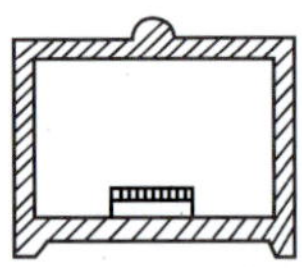

petri dish를
도치하여 30~35℃
에서 24시간
배양한다.

→

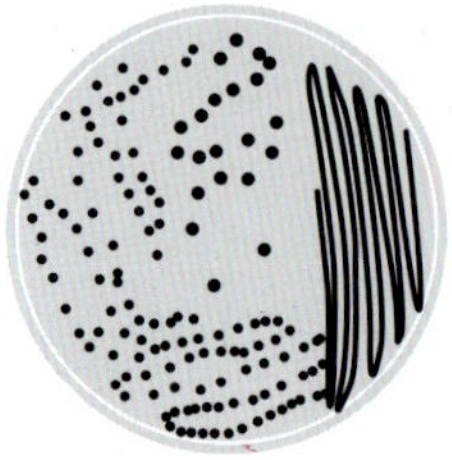

colony가 발생한다.

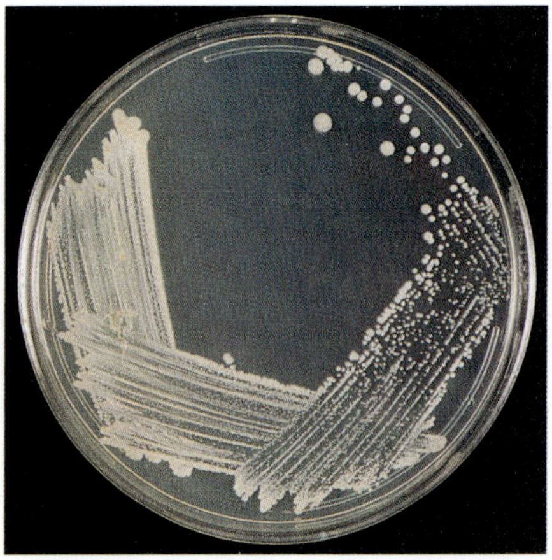

|그림 5-1| 획선평판법에 의해 순수 분리된 *Streptococcus aureus*

2 주입평판법(pour plate method)

재료 및 기구

① 균주 : 혼합 균주 액체 배양액 – *Staphylococcus aureus, Bacillus cereus*
② 배지 : Tryptic soy agar
④ 기구 : 백금이, petri dish, 시험관, autoclave, incubator

실험 방법

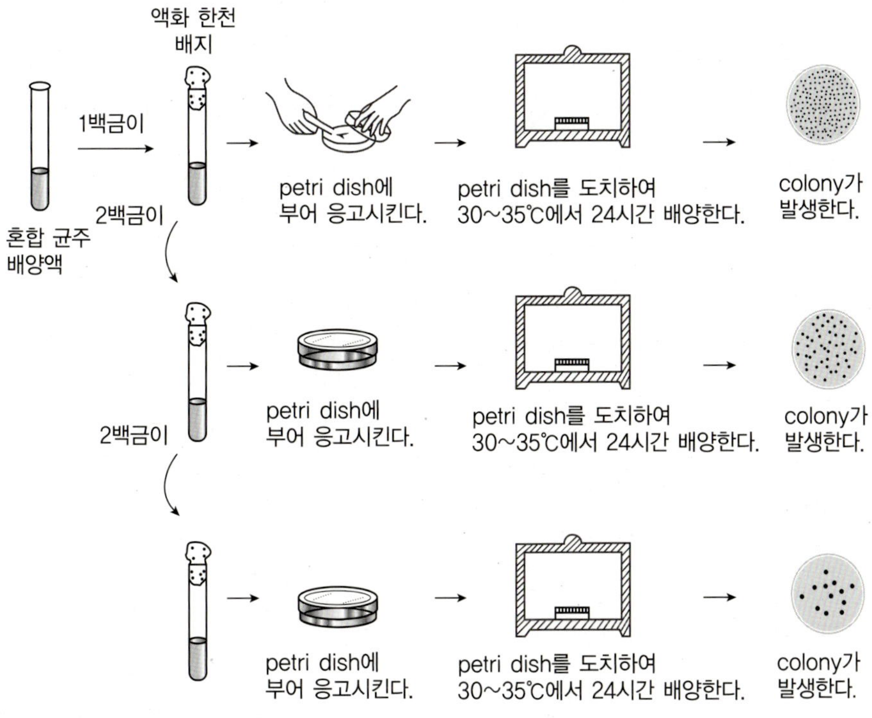

3 확산평판법(spread plate method)

재료 및 기구

① 균주 : 혼합 균주 액체 배양액 – *Staphylococcus aureus, Bacillus cereus*
② 배지 : Tryptic soy agar
③ 재료 : ethanol
④ 기구 : 시험관, petri dish, pipette, spreader, beaker, alcohol lamp, autoclave, incubator

실험 방법

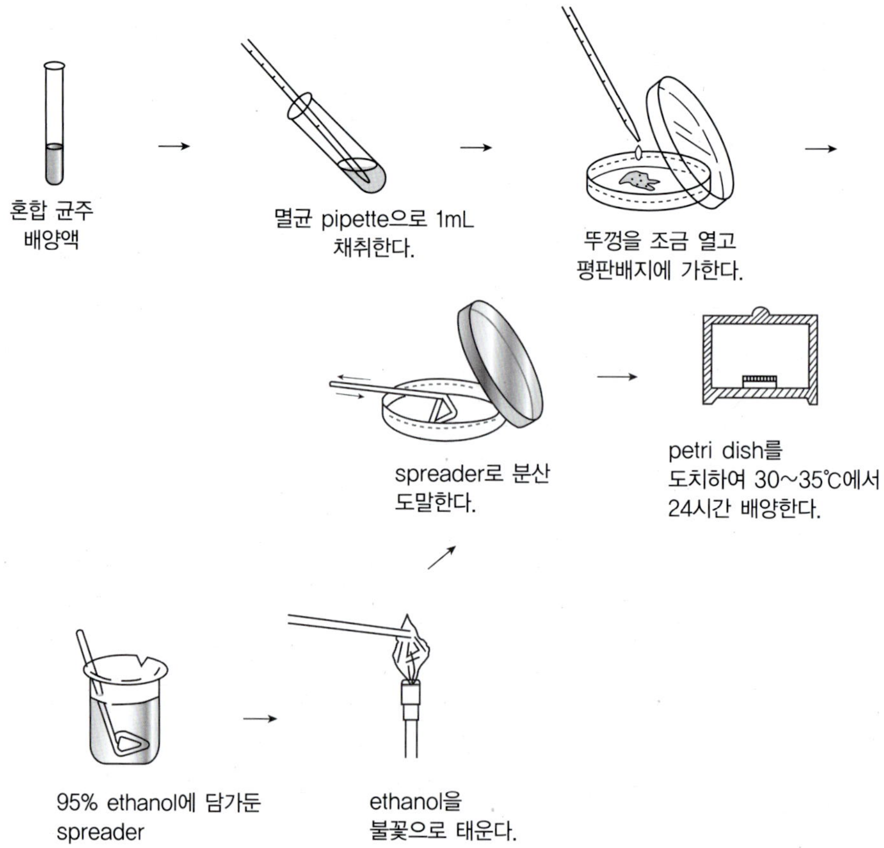

실험 보고서

(Experimental report)

실험일자 : 학년 : 학번 : 이름 :

실험 제목(Title) ....

1. 목적 및 원리(Principle)

....

2. 재료 및 기구(Material & Apparatus)

....

3. 실험 방법(Method)

....

4. 데이터 및 계산(Data & Calculation)

....

5. 결과(Result)

....

6. 고찰(Discussion)

....

7. 참고문헌(Reference)

....

실험 6 미생물의 순수배양

미생물을 순수분리, 배양하여 찾고자 하는 세균의 독립된 집락을 얻어 세균을 보존하거나 생화학적 성상검사, 형태 관찰, 세균의 염색성, 집락의 특징, 항혈청 응집 검사 및 약제 감수성 검사를 위하여 사용 목적에 따라 각종 배지에 세균을 접종하게 된다. 이 과정에서 세균 접종량이나 접종 방법에 따라 결과에 영향을 미칠 수 있다.

1 사면배지 접종

재료 및 기구

① 균주 : *Staphylococcus aureus, Bacillus cereus*
② 배지 : Tryptic soy agar
③ 재료 : 사면배지
④ 기구 : 백금이, alcohol lamp, incubator

실험 방법

① 백금이를 화염멸균한 후 공기 중에 약간 흔들어 냉각하여 평판배지에 배양된 독립된 집락을 취한다.

② 배지의 입구를 불꽃에 2~3회 통과시켜 화염멸균한 다음 균주를 취한 백금이를 사면배지의 아래로부터 위쪽으로 올리면서 지그재그(zigzag) 획선 접종한 다음 입구를 다시 화염멸균하고 마개를 막는다. 이때 배지 표면이 긁혀서는 안 된다.

③ 접종한 배지는 30~35℃ 배양기에 24시간 배양한다.

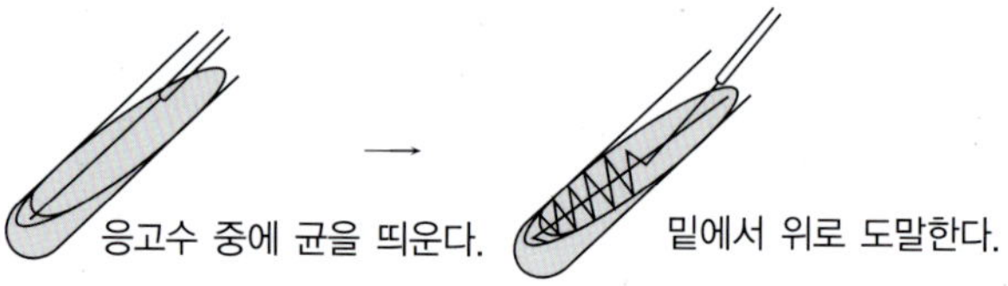

2 고층배지 접종

재료 및 기구

① 균주 : *Staphylococcus aureus, Bacillus cereus*
② 배지 : Tryptic soy agar
③ 재료 : 고층배지
④ 기구 : 백금선, alcohol lamp, incubator

실험 방법

① 사면배지 접종과 같이 멸균된 백금선으로 접종할 세균을 채취한 후 고층 배지의 중앙부 밑으로 직선이 되도록 접종한다.
② 백금선은 아래 5mm 부위까지 천자하였다가 흔들리지 않도록 조심하여 천자한 자리로 곧바로 뺀다.
③ 배지 입구를 화염멸균한 후 마개를 막는다.
④ 접종한 배지는 30~35℃ 배양기에 24시간 배양한다.

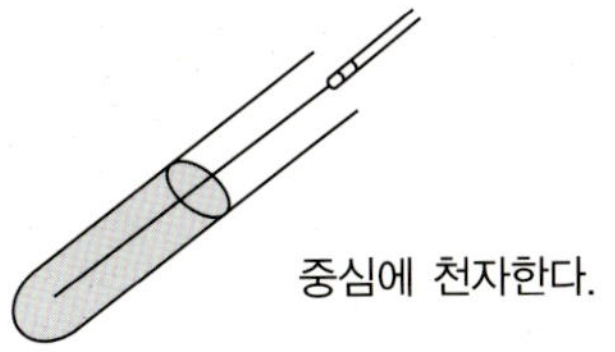

3 액체배지 접종

재료 및 기구

① 균주 : *Staphylococcus aureus, Bacillus cereus*
② 배지 : Tryptic soy broth
③ 재료 : 액체배지
④ 기구 : 백금이, alcohol lamp, incubator

실험 방법

① 백금이를 화염멸균하여 식힌 후 평판에 자란 집락을 취한다.
② 액체배지의 뚜껑을 열고 배지를 약간 기울여 시험관의 기벽에 대고 백금이로 균액을 푼 다음 잘 흔들어 준다.
③ 시험관 입구를 화염멸균한 후 다시 마개를 막는다.
④ 접종배지는 30~35℃ 배양기에 24시간 배양한다.

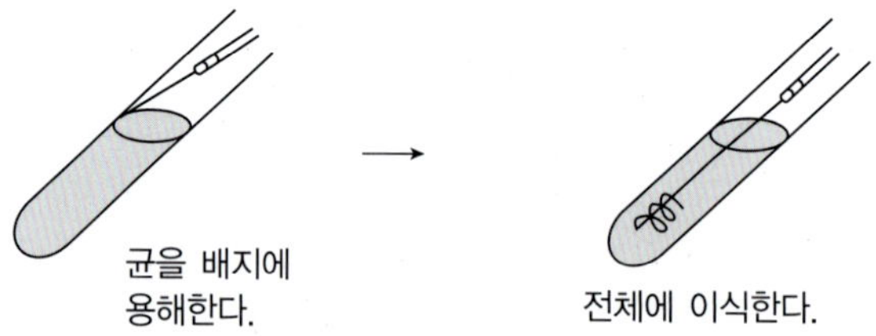

실험 보고서

(Experimental report)

실험일자 :　　　　학년 :　　　　학번 :　　　　이름 :

실험 제목(Title) ....

1. 목적 및 원리(Principle)

....

2. 재료 및 기구(Material & Apparatus)

....

3. 실험 방법(Method)

....

4. 데이터 및 계산(Data & Calculation)

....

5. 결과(Result)

....

6. 고찰(Discussion)

....

7. 참고문헌(Reference)

....

6 Chapter

현미경의 구조와 사용법

현미경은 생물학의 제반 실험에서 가장 기본적으로 쓰이는 필요한 기구 중의 하나로 특히 미생물학에 있어서 육안으로 관찰할 수 없는 미생물의 일차적인 구조와 세포학적 특성을 연구하는 데 필수 불가결한 기구라 할 수 있다. 현미경의 종류는 그 기능에 따라 여러 가지 구조를 갖는 것들이 있다. 일반적으로 가장 널리 사용되고 있는 광학 현미경(light microscope)에는 양쪽의 눈을 동시에 사용하는 쌍안 현미경(binocular microscope), 생물체를 입체적으로 관찰할 때 사용하는 해부 현미경(stereo microscope 또는 dissecting microscope), 자외선에 의한 형광 반사광을 이용한 형광 현미경(fluorescence microscope), 피검체의 광학적 두께의 차이에 의하여 상에 생긴 명암의 차로 관찰할 수 있는 위상차 현미경(phase contrast microscope), 조명 광선 대신 전자파를 이용하여 세포의 미세 구조까지 관찰이 가능하고 높은 해상력을 가진 전자 현미경(electron microscope) 등 다양한 종류가 있다. 그러나 이와 같이 다양한 기능과 종류의 현미경이 있음에도 불구하고 전자 현미경을 제외한 일반 광학 현미경들의 기본 구성은 거의 동일하다고 할 수 있다. 그러므로 광학 현미경의 구조, 사용법 및 관리법에 대한 적절한 이해와 조작 방법의 숙달이 요구된다.

1 현미경의 구조

현미경의 구조는 그 기능에 따라 렌즈 부분, 조명 부분 및 기계 부분으로 나누어진다.

1.1 렌즈 부분

●●● 대안렌즈, 접안렌즈(ocular lens, eyepiece)

경통의 가장 상단에 위치하며 눈으로 직접 상을 관찰할 때 사용하는 lens로 배율은 5X, 10X, 15X, 20X 등이 있다. 대물렌즈에 의해 형성된 물체의 확대상을 더 한층 크게 하는 역할을 한다. 대물렌즈로 확대한 물체의 상을 다시 대안렌즈로 확대하여 본다.

●●● 대물렌즈(objective lens)

경통의 가장 하단 대물렌즈 회전판에 부착되어 있고 물체를 일차적으로 확대하는 역할을 한다. 배율은 10X, 20X(저배율), 40X(고배율), 100X(유침렌즈)로 되어 있다.

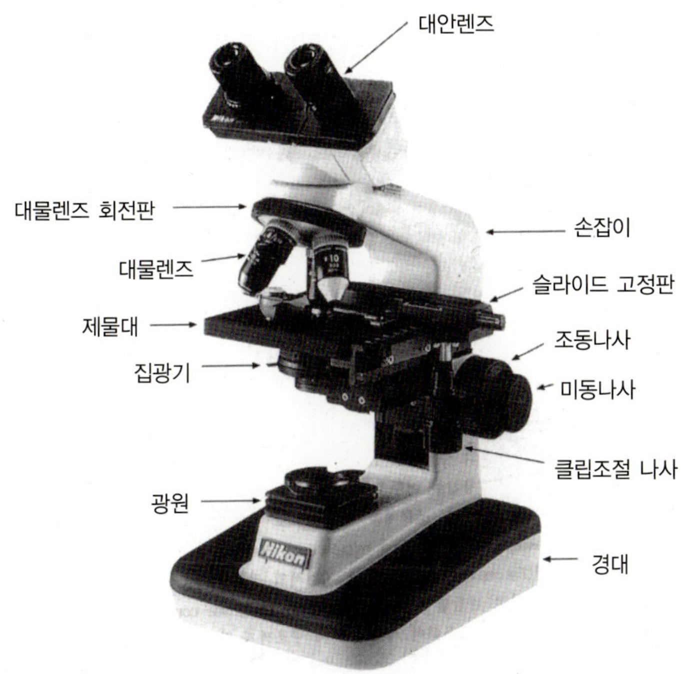

|그림 6-1| 현미경의 기본 구조

1.2 조명 부분

광원(light source)

현미경의 광원으로 다양한 종류의 lamp가 사용되는데 이상적인 현미경의 광원은 집중 조명 광원(spot light source)이며 빛의 색은 자연광에 가까운 백색광이어야 한다.

집광기(condenser)

대물렌즈에 적절한 밝기를 주는 장치로 여러 개의 lens로 구성되어 있으며 전체가 볼록렌즈의 역할을 한다.

1.3 기계 부분

경각, 경대(base)

현미경의 가장 밑자리에 위치하여 현미경 전체를 지탱하는 역할을 한다.

손잡이(arm)

경각의 뒷부분에 경각에 대해 수직으로 서 있다. 현미경의 여러 부분을 지탱하는 역할을 하며 현미경의 위치를 변경할 때나 운반 시 사용된다.

재물대, 검체판(stage)

관찰할 물체(slide glass)를 올려 놓는 수평으로 된 판이다.

경통(body tube)

원통형이며 위쪽 끝에는 대안렌즈를 끼고 아래 끝에는 대물렌즈를 달도록 되어 있다.

●●● 조준 장치(focusing adjustment)

대물렌즈와 물체의 거리를 조절하여 가장 선명한 상을 얻을 수 있게 하는 것을 조준이라 하며, 대개의 현미경에는 대략의 조준을 맞추기 위한 조동나사(coarse adjustment screw)와 조준을 정밀하게 하기 위한 미동나사(fine adjustment screw)가 달려 있다.

●●● 슬라이드 고정판(mechanical stage)

검체가 있는 slide glass를 고정하는 역할을 한다.

●●● 대물렌즈 회전판(objective revolver)

현미경 사용시 배율이 다른 렌즈를 교환할 경우 대물렌즈를 회전시켜 교환하기 쉽게 만든 장치이다.

2. 현미경의 사용법

2.1 일반적인 사용법

① 현미경을 수평면에 똑바로 놓고, 광원을 확인한다.

② Slide glass에 도말한 표면이 위쪽으로 오게 하여 재물대 위에 올려 놓고 검체가 중앙에 오도록 조절한 후 clip으로 slide glass의 양끝을 고정시킨다.

③ 집광기를 아래로 내리고 대물렌즈를 저배율(10X)로 돌린 후 대물렌즈의 끝이 slide glass에 거의 닿을 정도로 조동나사를 이용하여 경통을 밑으로 내린다.

④ 대안렌즈를 통하여 검체를 보면서 조동나사를 서서히 돌려 경통을 올려서 검체의 상이 나타나 보이게 한다.

⑤ 물체가 확인되면 대물렌즈 회전판을 고배율(40X)로 돌린 후 미동나사를 돌려 선명한 상을 찾아 물체를 관찰한다.

⑥ 현미경을 관찰할 때는 양쪽 눈을 뜨고 보는 습관을 가져야 한다.

⑦ Immersion oil을 사용하여 검경할 때는 저배율과 고배율에서 물체가 뚜렷이 보였을 때 집광기를 위로 올리고 immersion oil을 cover glass 중앙에 한 방울 놓고 유침렌즈(100X)를 회전시켜 immersion oil에 접착시킨다. 대안렌즈로 보면서 미동나사로 정확하게 초점을 맞춘다.

2.2 현미경 관리법

① 현미경은 직사광선이나 열을 받지 않도록 한다.

② 현미경을 옮길 때에는 한 손으로 손잡이를 잡고 다른 한 손으로는 경각을 받쳐 들도록 한다.

③ 경통은 항상 대안렌즈를 끼워 두어 내부에 먼지가 들어가지 않도록 한다.

④ Lens의 표면은 절대로 손으로 만지지 말아야 한다.

⑤ Lens의 먼지는 부드러운 솔이나 lens paper 등을 사용하여 제거한다.

⑥ 유침 검경 후에는 immersion oil을 xylene이나 benzene을 약간 묻힌 lens paper로 깨끗이 닦아낸 후 마른 lens paper로 닦는다.

⑦ 조동나사를 사용할 때에는 lens와 slide glass 표면이 접착 충돌하여 slide glass가 깨지지 않도록 한다.

⑧ 현미경을 사용하지 않을 때에는 cover를 덮어 나무 상자에 넣어 보관한다.

실험 7 현미경 표본 제작법

미생물의 형태학적 특징과 배열의 특징, 크기의 비교 등을 현미경을 이용하여 관찰하기 위하여 표본 제작을 한다. Slide glass 위에 균의 현탁액을 떨어뜨리고 cover glass를 덮고 가볍게 눌러 여분의 수분을 여과지로 흡수한 후 검경하는 것을 습윤 표본 제작법이라고 한다.

1 고체배지

재료 및 기구

① 균주 : Nutrient agar에 18~24시간 배양된 균주
Bacillus, Staphylococcus, Lactobacillus, 효모
② 재료 : 멸균 생리식염수, 여과지(Whatman No. 1)
③ 기구 : 현미경, slide glass, cover glass, 백금이

실험 방법

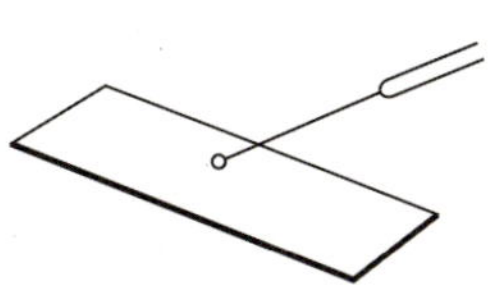

slide glass에 멸균 생리식염수를 1~2 loop 놓는다.

→

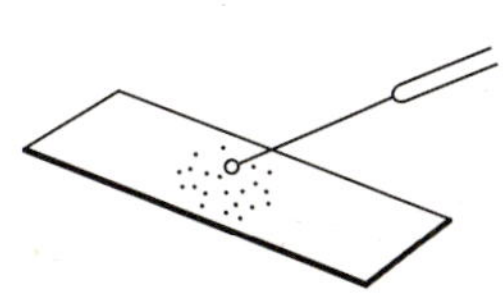

백금이로 아주 작은 양의 colony를 따서 얇게 도말한다.

→

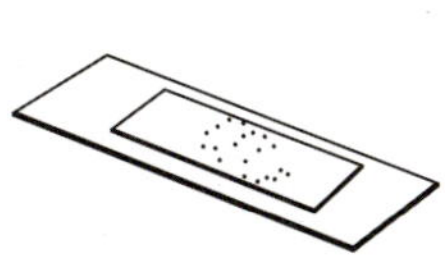

cover glass를 덮는다.

→

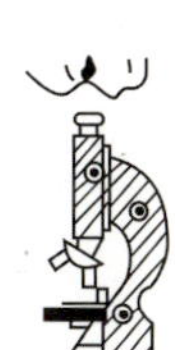

현미경으로 미생물의 형태를 관찰한다.

2. 액체배지

재료 및 기구

① 균주 : Nutrient broth에 18~24시간 배양된 균주
Bacillus, *Staphylococcus*, *Lactobacillus*, 효모
② 재료 : 여과지(Whatman No. 1)
③ 기구 : 현미경, slide glass, cover glass, 백금이

실험 방법

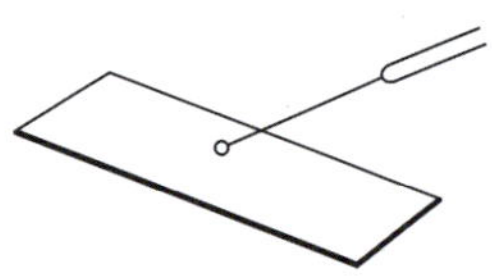

slide glass에 액체 배지에 배양된 균액을 1~2 loop 놓는다.

→

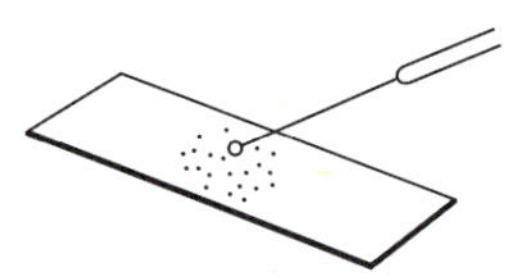

1.5~2.0cm 되게 타원형으로 도말한다.

→

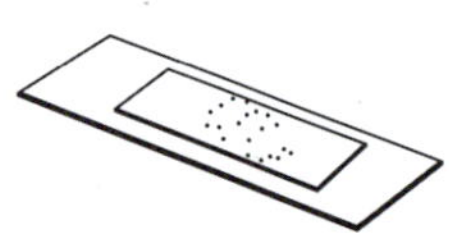

cover glass를 덮는다.

→

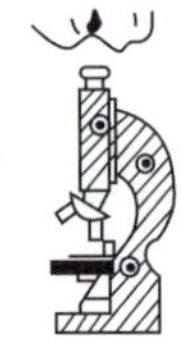

현미경으로 미생물의 형태를 관찰한다.

실험 보고서

(Experimental report)

실험일자 : 학년 : 학번 : 이름 :

실험 제목(Title) ....

1. 목적 및 원리(Principle)

....

2. 재료 및 기구(Material & Apparatus)

....

3. 실험 방법(Method)

....

4. 데이터 및 계산(Data & Calculation)

....

5. 결과(Result)

....

6. 고찰(Discussion)

....

7. 참고문헌(Reference)

....

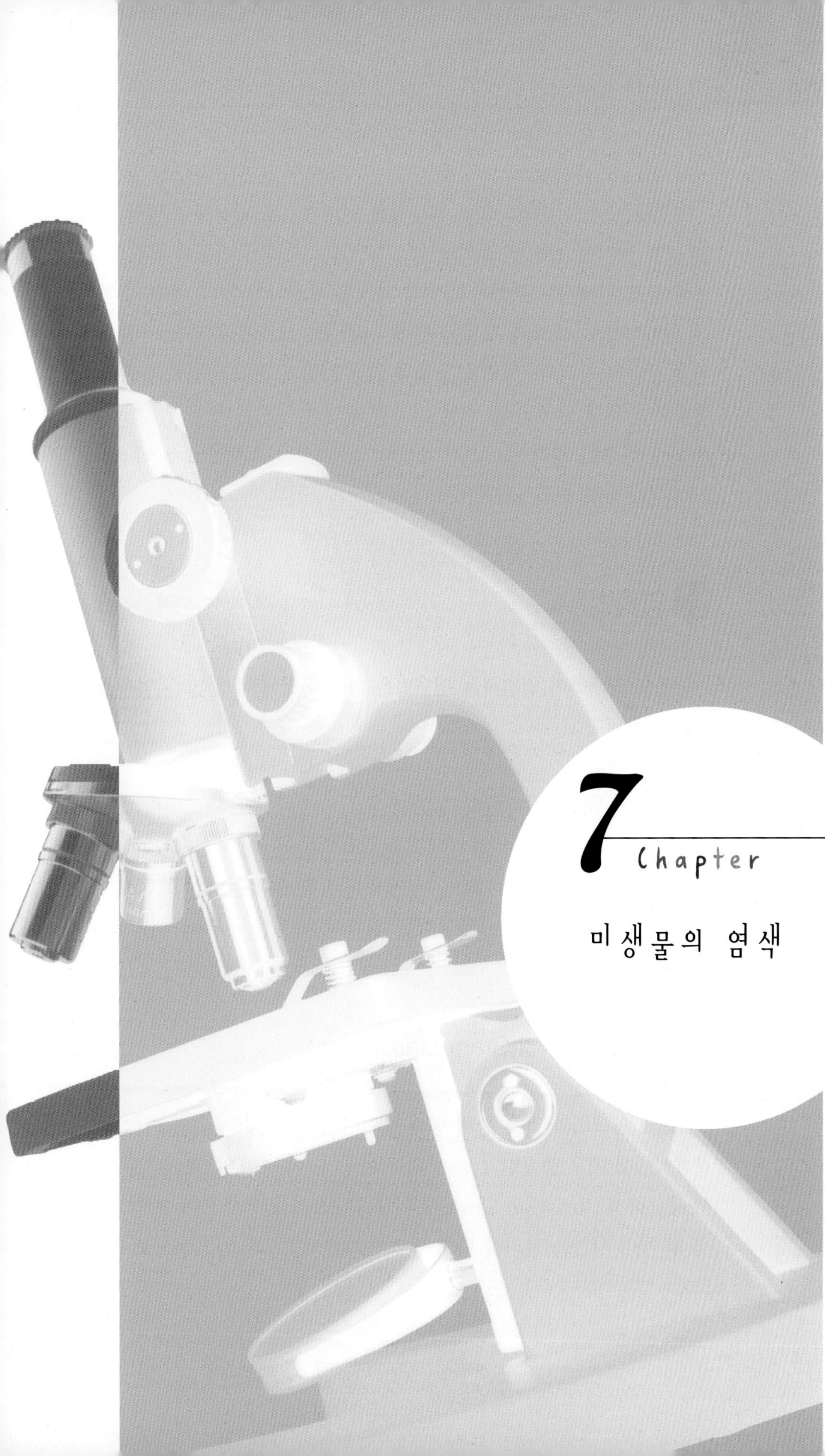

7 Chapter

미생물의 염색

미생물은 무색 투명하므로 생균체를 현미경으로 관찰하면 명암의 차가 크지 않아서 관찰에 불편한 경우가 많다. 따라서 이들의 분류와 특성을 알기 위해서는 생물학적 염색 과정을 거쳐야만 한다. 세균의 염색은 일반적으로 세포의 모세관 현상, 삼투압, 세포에의 부착과 흡수에 의한 물리적 기전과, 세포 구성물과 염료 사이의 전기적 전하와 화학적 친화력에 의해 염색된다. 염색 시약의 화학적 구성은 무색의 benzene ring에 연결된 발색군(chromophore group)과 조색군(auxochrome group)을 합한 유기복합체이다.

1 염색법

균체를 염색하여 검경하는 염색법은 검경 목적에 따라 많은 염색법이 있다.

1.1 단순 염색법(simple staining)

세균의 기본적인 형태, 크기, 배열을 관찰할 수 있는 염색법으로, 가장 일반적으로 사용되는 염색액은 염기성 색소인 methylene blue, crystal violet, gentian violet, carbol fuchsin 등이 있다.

1.2 Gram 염색법(Gram staining)

Gram 염색법과 같은 감별 염색 방법(differential staining)은 세균 분류학에서 매우 중요한 기술 중의 하나이다. 이 방법은 1884년 덴마크의 세균학자 Christian Gram에 의해 최초로 고안되었으며, 시약의 조정 및 처리 시간을 달리한 변형 방법이 개발되었으나 기본적으로 네 가지 시약이 사용됨은 동일하다. 즉 염기성 염색액(주로 crystal violet), 매염제(iodine), 탈색제(alcohol, acetone 및 이 둘의 혼합액), 대조 염색제(주로 safranin O) 등이 사용된다.

Gram 염색법은 염색된 색깔로 세균을 크게 Gram 양성균과 Gram 음성균으로 분류한다. Gram 염색법의 주된 원리는 확실히 밝혀지지 않았지만 현재 가장 일반화된 이론은 Gram 양성균의 세포벽에는 magnesium ribonuclate라는 산성 물질이 있어 염기성 염색액인 crystal violet과 결합하여 alcohol에 탈색되지 않고 자색(violet color)으로 염색되고, Gram 음성균의 세포벽에는 magnesium ribonuclate가 없어 탈색제인 alcohol에 의해 탈색된 후 대조 염색제인 safranin O에 의해 적색으로 염색된다.

염색 방법	Gram 양성균	Gram 음성균
① 균체의 고정		
② crystal violet에 1분 염색	자색으로 염색	자색으로 염색
③ iodine에 1분 염색	자색으로 염색	자색으로 염색
④ 95% alcohol에 30초 탈색	변화가 없다	탈색이 된다
⑤ safranin O에 30초 염색	변화가 없다	적색으로 변한다

|그림 7-1| Gram 염색 과정에 따른 변화

1.3 포자 염색법(spore staining)

*Bacillus*속이나 *Clostridium*속의 세균들은 물리 화학적 외부 요인에 대하여 내성을 갖는 내생포자(endospore)를 형성한다. 균종에 따라 포자의 형태나 위치가 다르게 나타나기 때문에 포자의 특성은 세균의 분류 및 동정에 중요한 역할을 한다. 포자를 형성하는 위치에 따라 중앙(central), 편재(subterminal) 또는 단재(terminal) 등으로 구분하며, 그 형태도 원형, 난형 또는 사방형으로 부른다.

포자벽은 두꺼운 지질막이나 lipoprotein 막으로 싸여 있기 때문에 일반 염색액이 잘 침투되지 않아 특별 염색법을 이용하고 있다. 그러나 가온 염색하면 염색액이 포자벽의 지질과 결합하여 탈색제에 내성을 나타내므로 쉽게 탈색되지 않는다.

실험 8 단순 염색법(simple staining)

세균을 slide glass에 도말 고정한 후 한 가지 염색액으로 염색하는 방법을 단순 염색법이라고 하며, 기본적인 세균의 모양, 크기, 배열 등을 알 수 있다. 미생물의 염색을 위한 도말 표본의 준비를 위해서는 미생물 균체의 적당한 도말, 자연 건조와 열 고정 등의 기본적인 과정을 거친 후 단순 염색을 실시한다.

재료 및 기구

① 균주 : Nutrient broth나 nutrient agar에 18~24시간 배양된 균주
Staphylococcus aureus, Micrococcus luteus, Escherichia coli
② 재료 : 염색시약(methylene blue solution, crystal violet), 멸균 증류수, 여과지(Whatman No.1)
③ 기구 : slide glass, 백금이, alcohol lamp, 현미경

실험 방법

① 도말

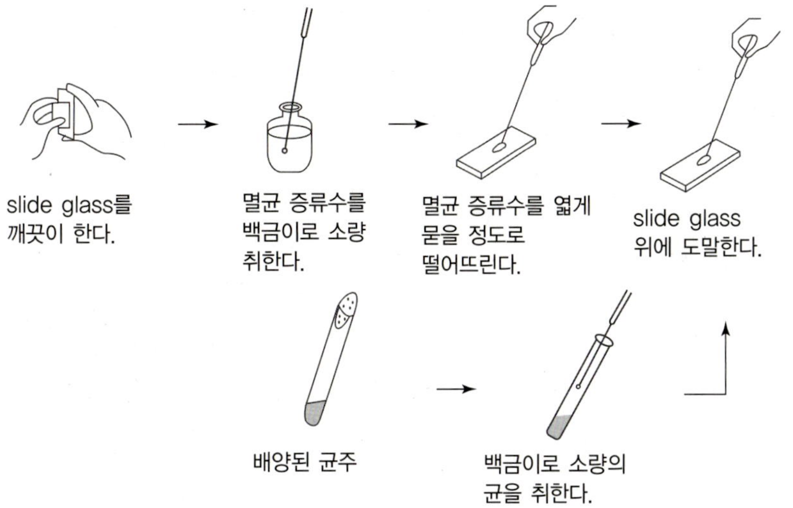

② 건조

자연건조시킨다.

③ 고정

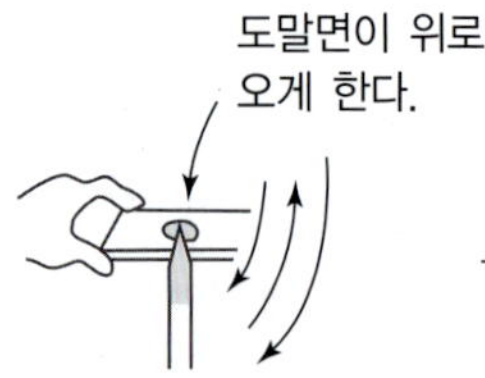

불꽃에 타지 않을 정도로 천천히 2~3회 통과시킨다.

④ 염색

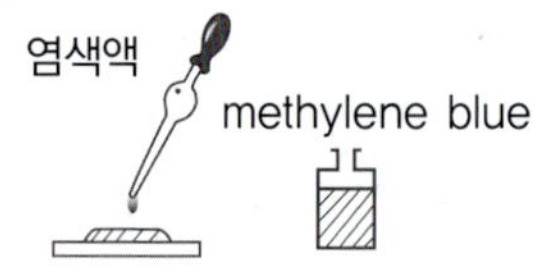

염색액을 표면에 떨어뜨린 후 1~2분 방치한다.

⑤ 수세

도말면을 밑으로 하여 세척한 물이 무색이 될 때까지 조심스럽게 씻는다.

도말면을 윗쪽으로 향해 가볍게 씻는다.

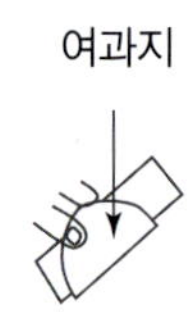

표본을 여과지 사이에 넣고 물을 제거한다.

⑥ 건조

자연건조시킨다.

⑦ 검경

현미경으로 관찰한다.

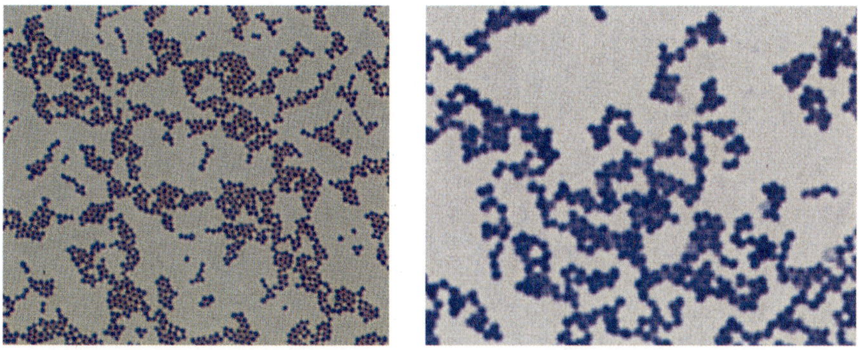

Staphylococcus aureus *Micrococcus luteus*

|그림 7-2| Crystal violet을 이용한 단순염색

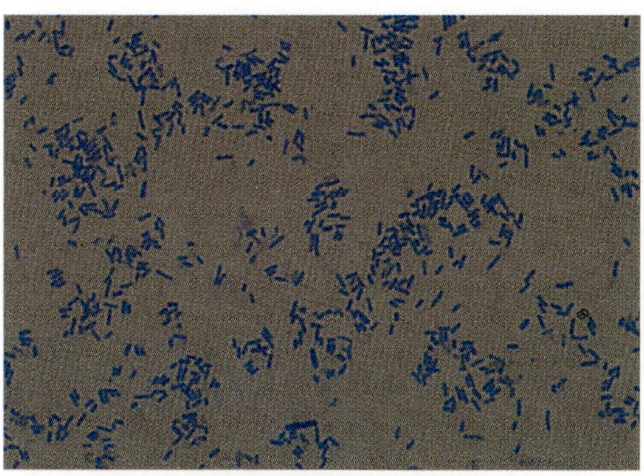

Escherichia coli

|그림 7-3| Methylene blue를 이용한 단순염색

실험 보고서

(Experimental report)

실험일자 : 학년 : 학번 : 이름 :

실험 제목(Title) ....

1. 목적 및 원리(Principle)

....

2. 재료 및 기구(Material & Apparatus)

....

3. 실험 방법(Method)

....

4. 데이터 및 계산(Data & Calculation)

....

5. 결과(Result)

....

6. 고찰(Discussion)

....

7. 참고문헌(Reference)

....

실험 9 Gram 염색법(Gram staining)

Gram 염색법은 세균 분류학상 중요한 지표가 되는 염색법이며 숙련을 필요로 하는 조작이므로 Gram 양성균으로서 *Staphylococcus aureus*(포도상구균)를, Gram 음성균으로서 *Escherichia coli*(대장균)를 사용하여 미리 그 방법을 익혀서 염색 결과를 확인해두어야 한다. Gram 염색에 있어서는 활발하게 증식하고 있는 균을 사용하여야 하며 배양이 오래되면 염색성이 변하는 경우가 있으므로 주의하여야 한다.

재료 및 기구

① 균주 : Nutrient broth나 nutrient agar에 18~24시간 배양된 균주
Gram 양성균 - *Bacillus cereus, Staphylococcus aureus*
Gram 음성균 - *Escherichia coli, Enterobacter aerogenes*
② 재료 : Gram 염색 시약(crystal violet, iodine solution, alcohol, safranine O), 멸균 증류수, 여과지(Whatman No.1)
③ 기구 : slide glass, 백금이, alcohol lamp, 현미경

실험 방법

도말 → 건조 → 고정 →

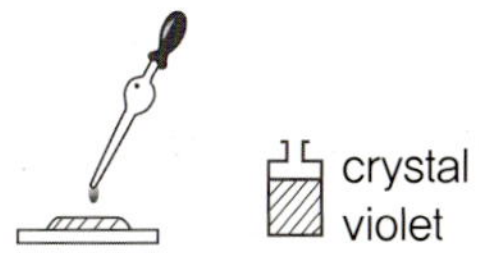

→

도말 표면 위에 crystal violet으로 1분간 염색한다.

→

물로 씻는다.

→

물기를 제거한다.

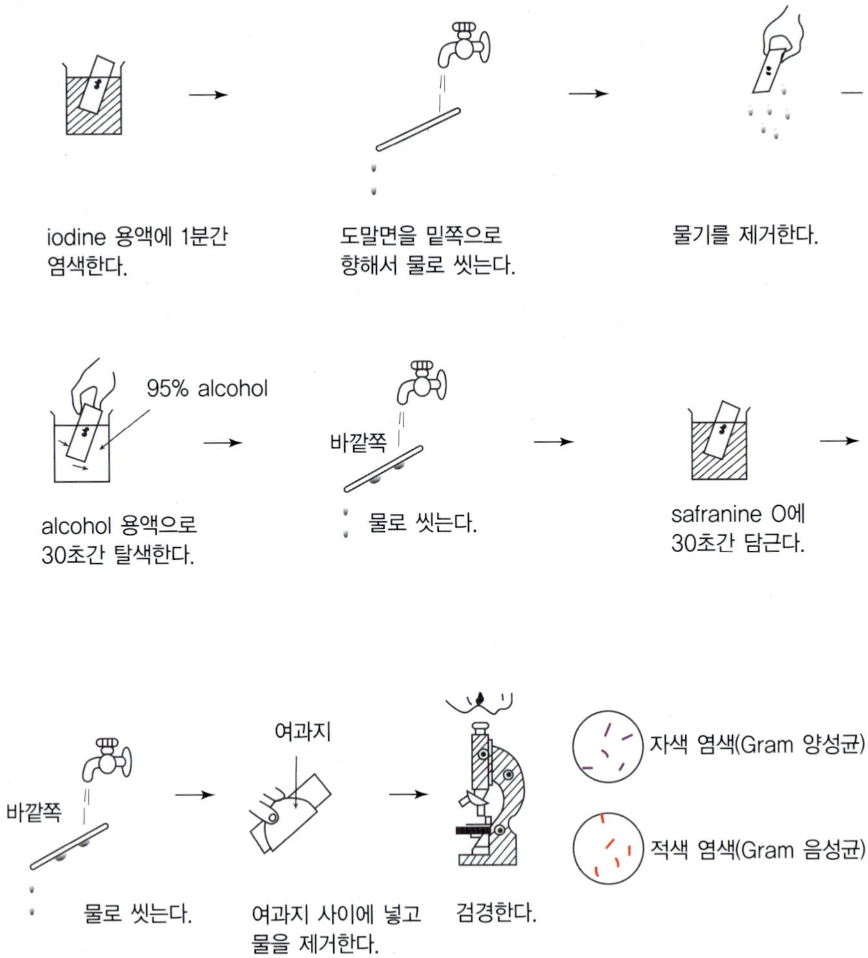
iodine 용액에 1분간
염색한다.
도말면을 밑쪽으로
향해서 물로 씻는다.
물기를 제거한다.
95% alcohol
alcohol 용액으로
30초간 탈색한다.
바깥쪽
물로 씻는다.
safranine O에
30초간 담근다.
바깥쪽
물로 씻는다.
여과지
여과지 사이에 넣고
물을 제거한다.
검경한다.
자색 염색(Gram 양성균)
적색 염색(Gram 음성균)

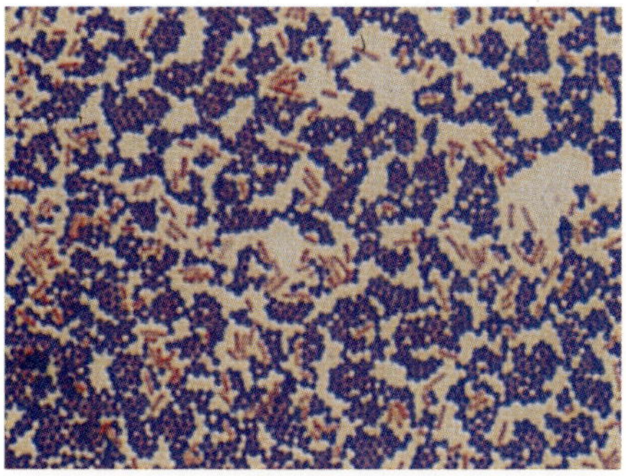

|그림 7-4| Gram 염색법에 의한 염색 결과

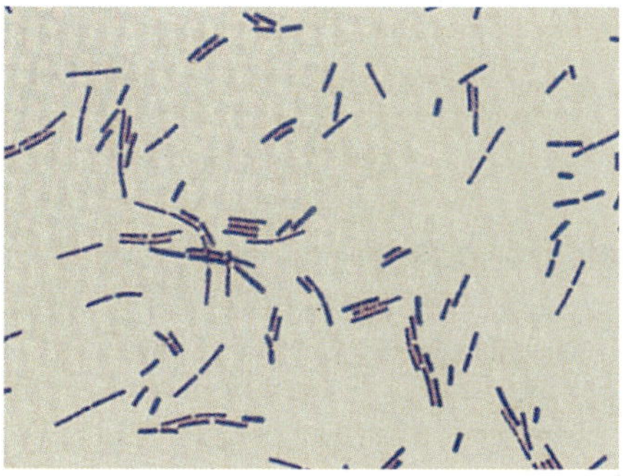

Bacillus cereus

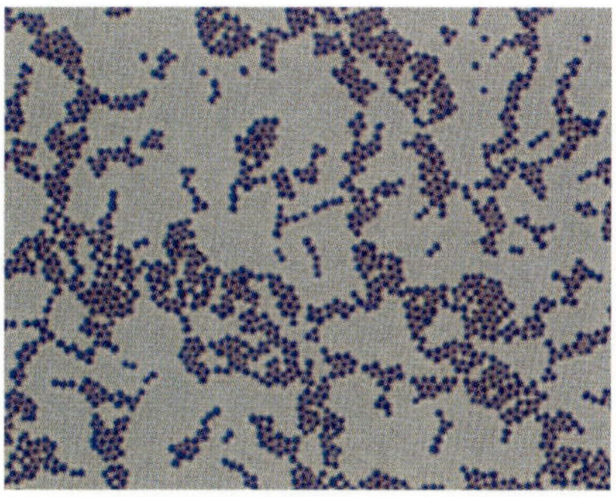

Staphylococcus aureus

|그림 7-5| Gram 양성균

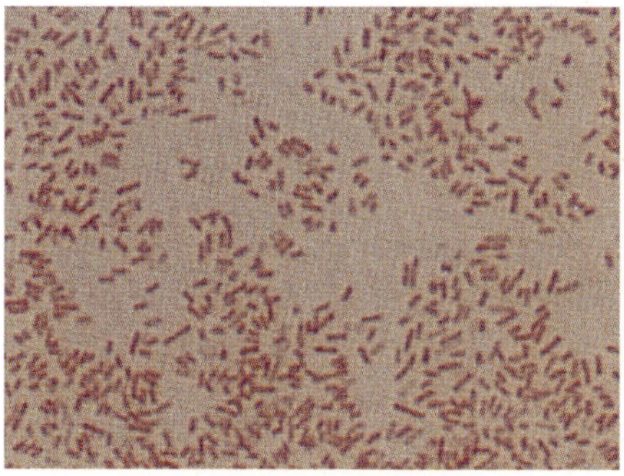

Escherichia coli

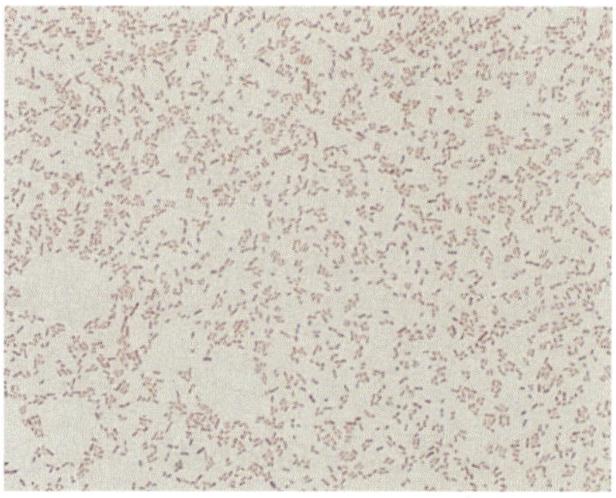

Enterobacter aerogenes

|그림 7-6| Gram 음성균

실험 보고서

(Experimental report)

실험일자 : 학년 : 학번 : 이름 :

실험 제목(Title)

1. 목적 및 원리(Principle)

2. 재료 및 기구(Material & Apparatus)

3. 실험 방법(Method)

4. 데이터 및 계산(Data & Calculation)

5. 결과(Result)

6. 고찰(Discussion)

7. 참고문헌(Reference)

실험 ⑩ 포자 염색법(spore staining)

포자 형성균인 *Bacillus*속과 *Clostridium*속의 포자는 지방이 많아서 보통의 염색법으로는 염색되지 않으나, 가온 염색을 하여 염색액의 투과력을 높이도록 한다.

재료 및 기구

① 균주 : Nutrient broth나 nutrient agar에 18~24시간 배양된 균주 *Bacillus subtilis*
② 재료 : 5% malachite green 염색액, 0.5% safranin O, 여과지 (Whatman No. 1)
③ 기구 : slide glass, beaker, 백금이, 세척병, alcohol lamp, 현미경

실험 방법

도말 → 건조 → 고정 →

여과지를 도말 표본 위에 덮는다. →

여과지 위에 malachite green 염색액을 충분히 떨어뜨린다. →

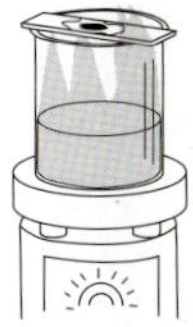

5분간 김이 날 정도로 가온한다. →

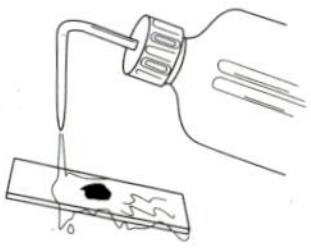

여과지를 떼어내고 물로 세척한다. →

safranin O 염색액으로 30초간 대비 염색한다. →

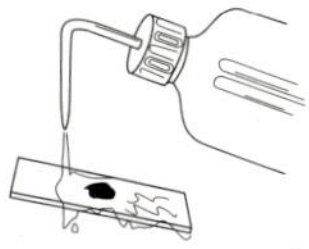

물로 세척한다.

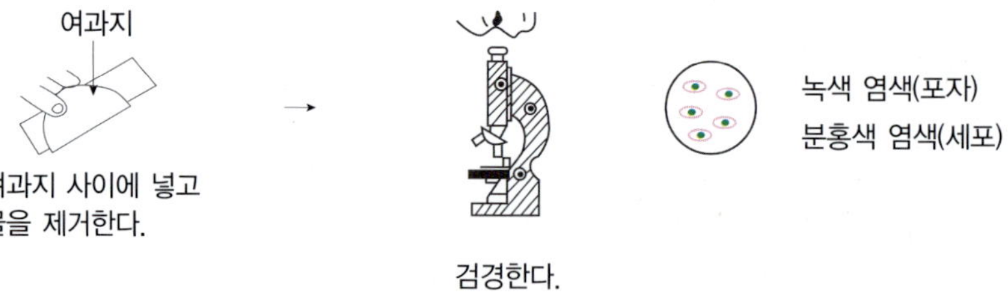

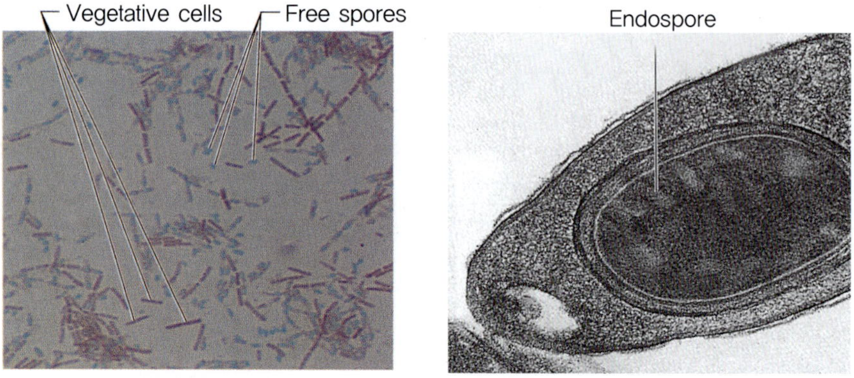

광학 현미경 주사 현미경

|그림 7-7| *Bacillus*의 포자 염색 결과

실험 보고서

(Experimental report)

실험일자 : 학년 : 학번 : 이름 :

실험 제목(Title) ....

1. 목적 및 원리(Principle)

....

2. 재료 및 기구(Material & Apparatus)

....

3. 실험 방법(Method)

....

4. 데이터 및 계산(Data & Calculation)

....

5. 결과(Result)

....

6. 고찰(Discussion)

....

7. 참고문헌(Reference)

....

8 Chapter

곰팡이의 분리 및 배양

곰팡이(mold)는 토양, 물, 공기 등의 자연 환경에 널리 분포하고 있으며, 세균에 비해 크고 복잡한 구조를 가진 다세포의 균사상 진핵세포(eucaryotic cell) 생물로 그 형태가 매우 다양하기 때문에 형태학적으로 곰팡이를 분류하는 것은 실로 매우 중요하며 많은 경험과 지식을 요구한다. 곰팡이의 기본 구조는 지름 2~10㎛정도의 관상 구조를 가진 균사(hyphae)가 있으며, 그 집단을 균사체(mycelium)라 한다. 균사는 기질의 표면에 밀착하여 성장하는 영양균사(vegetative hyphae)와 기질 속으로 뻗어가는 기중균사(submerged hyphae)가 있는데 이들은 곰팡이의 영양 섭취와 발육을 담당한다. 또한 기질에서 공기 중으로 자라는 기균사(aerial hyphae)는 생식포자(spore)를 다양하게 생성한다. 대부분 곰팡이의 균사는 격막으로 분리된 각각의 세포로 구성되어 있으며 이것들을 격막균사(septate hyphae)라 부른다. 일부 곰팡이는 격막이 없으며, 격막이 없는 다량의 세포질에 다수의 핵이 있는 균사가 있다. 이들을 무격막균사(aseptate coenocytic hyphae)라고 한다. 이와 같이 곰팡이는 집락의 색깔, 크기 등 외관과 균사의 격막 유무, 생식포자의 구조와 기관에 의해서 특징지어지며 분류에 이용한다.

실험 11 곰팡이의 분리와 배양

토양 중에는 여러 가지의 미생물이 서식하고 있는데 이 중에서 곰팡이를 분리하는 데는 곰팡이의 내산성이나 내약품성을 적절히 이용하면 좋다. 배지의 pH를 낮추거나 살리실산나트륨(Na-salycilate) 등의 화학 약품을 첨가하면 세균이나 효모의 발생이 억제되어서 곰팡이를 분리하기가 쉽다. 따라서 곰팡이의 내산성을 이용하여 구연산 발효에 사용되는 흑국 곰팡이(*Aspergillus niger*)를 분리한다.

재료 및 기구

① 배지 : Potato dextrose agar
② 재료 : 토양, 멸균 생리식염수, 멸균 1N HCl, 평판배지, 사면배지
③ 기구 : 백금이, petri dish, 멸균 pipette, 삼각 flask, 시험관, autoclave, incubator

실험 방법

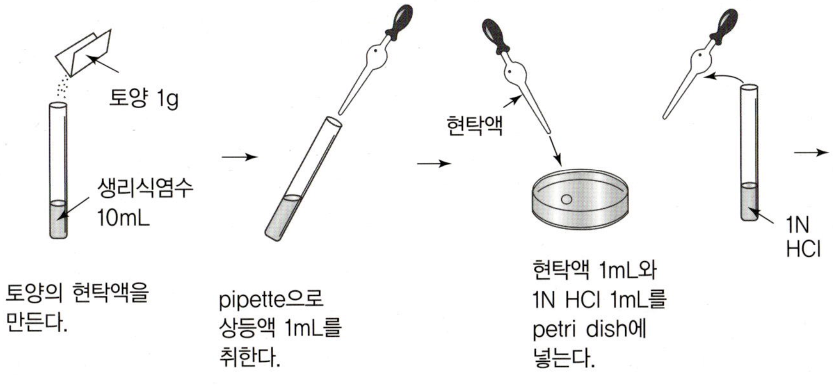

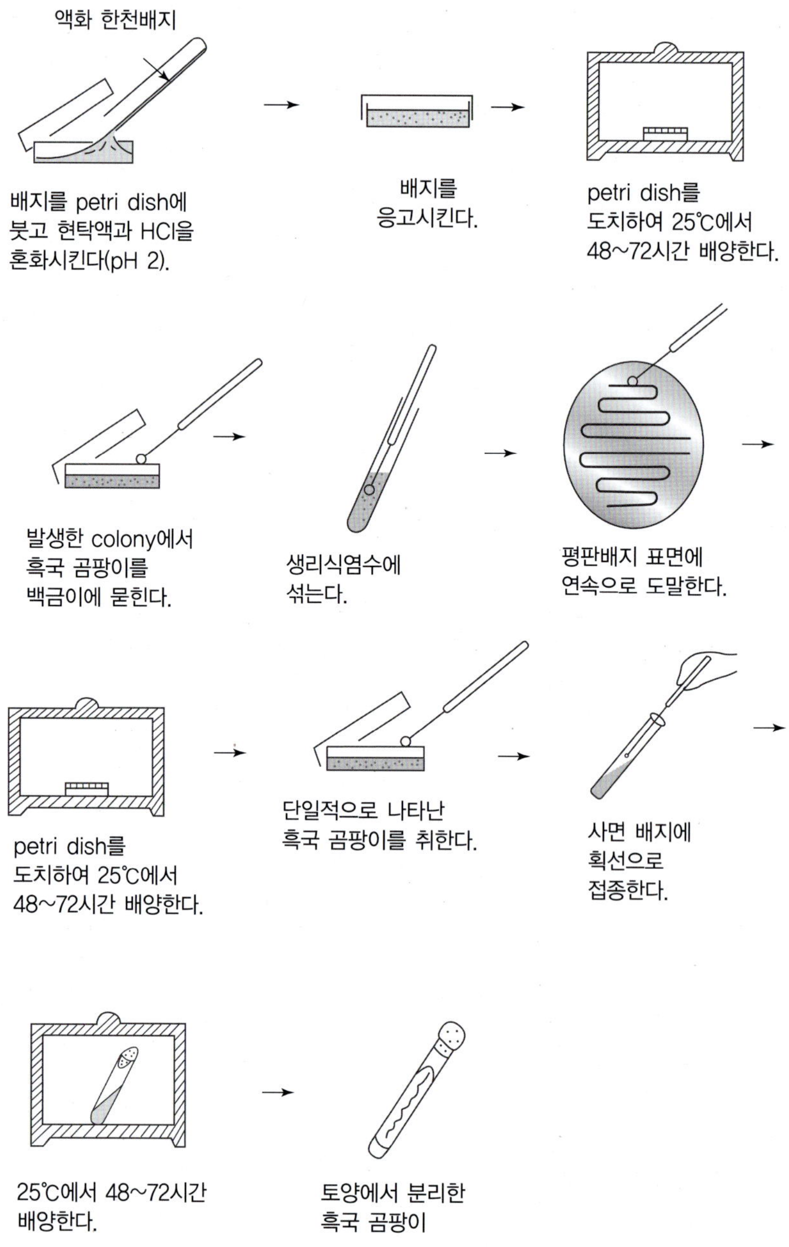
액화 한천배지
배지를 petri dish에 붓고 현탁액과 HCl을 혼화시킨다(pH 2).
배지를 응고시킨다.
petri dish를 도치하여 25℃에서 48~72시간 배양한다.
발생한 colony에서 흑국 곰팡이를 백금이에 묻힌다.
생리식염수에 섞는다.
평판배지 표면에 연속으로 도말한다.
petri dish를 도치하여 25℃에서 48~72시간 배양한다.
단일적으로 나타난 흑국 곰팡이를 취한다.
사면 배지에 획선으로 접종한다.
25℃에서 48~72시간 배양한다.
토양에서 분리한 흑국 곰팡이

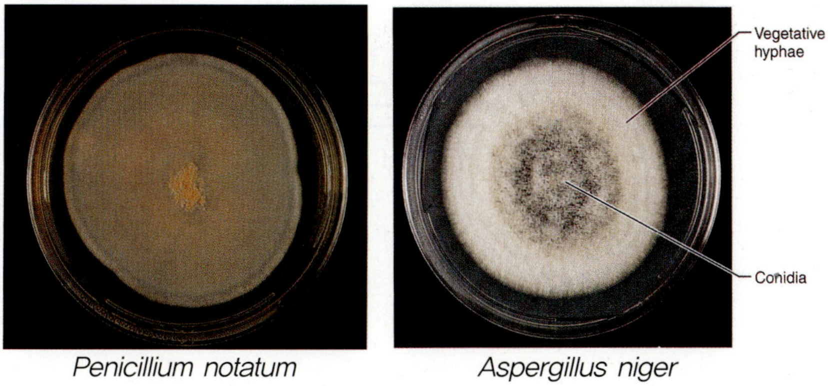

|그림 8-1| Potato dextrose agar에서 자란 곰팡이

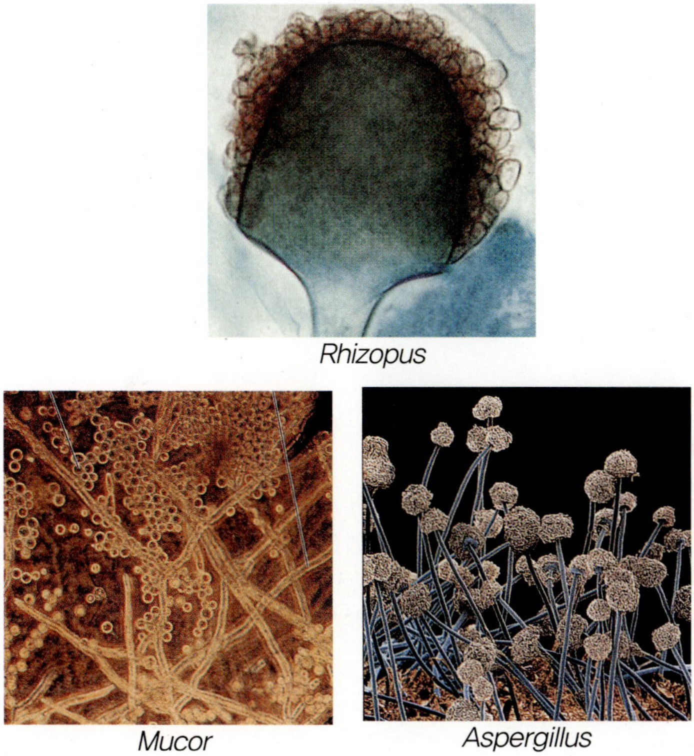

|그림 8-2| 다양한 곰팡이의 형태

실험 보고서

(Experimental report)

실험일자 : 학년 : 학번 : 이름 :

실험 제목(Title) ....

1. 목적 및 원리(Principle)

....

2. 재료 및 기구(Material & Apparatus)

....

3. 실험 방법(Method)

....

4. 데이터 및 계산(Data & Calculation)

....

5. 결과(Result)

....

6. 고찰(Discussion)

....

7. 참고문헌(Reference)

....

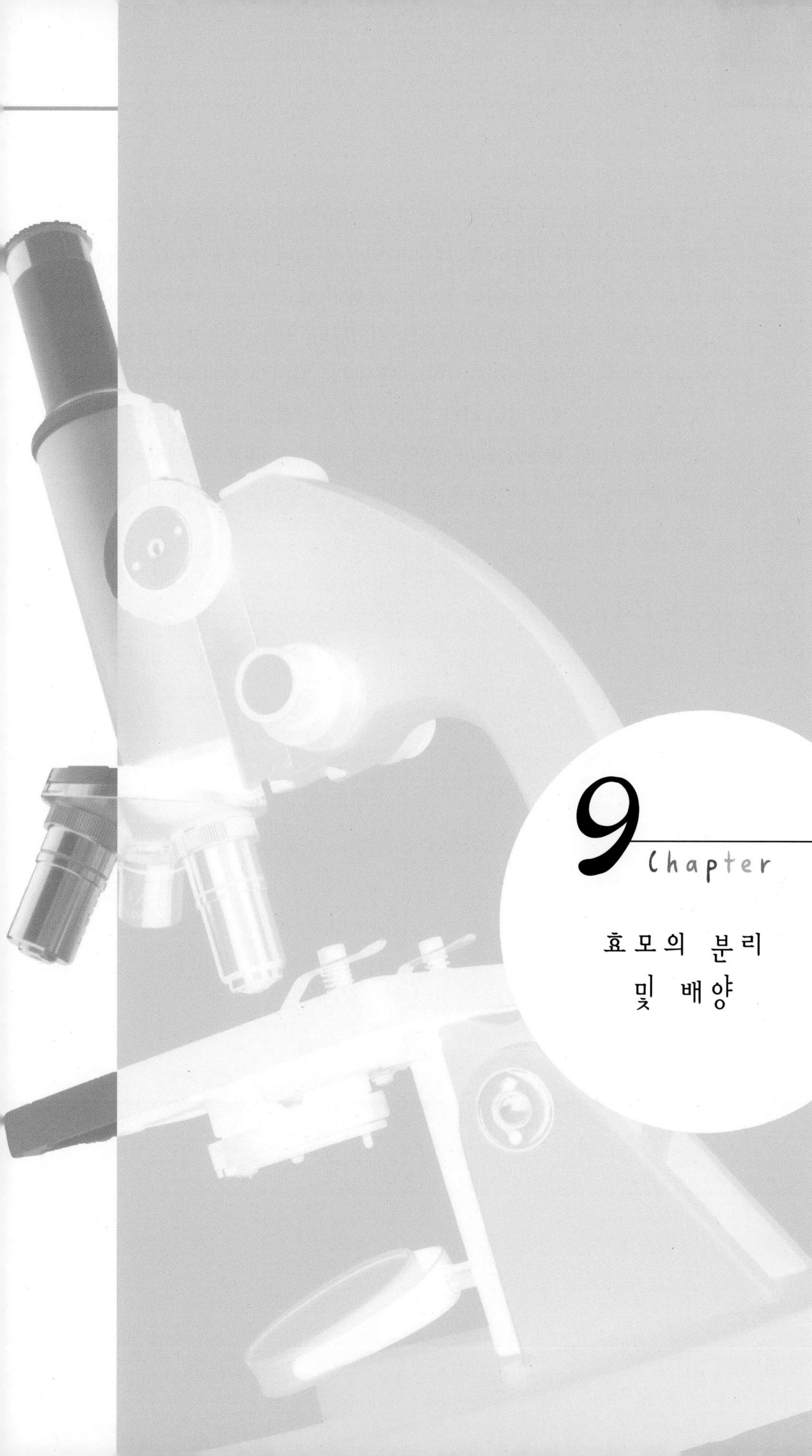

9 Chapter

효모의 분리 및 배양

효모(yeast)란 출아(budding) 또는 이분법(binary fission)에 의해 영양체 증식을 하고 단세포 세대가 비교적 길며 진핵세포(eucaryotic cell) 구조를 갖는 진균류의 하나로 곰팡이(mold)와는 전혀 성상이 다른 효모형의 세포를 갖는 미생물을 의미한다. 효모는 모양이 전형적으로 구형이거나 난형인 비균사형의 단세포로 효모의 형태 관찰은 그 속을 분류하는 데 매우 중요하다. 그러나 같은 종류의 효모일지라도 배양 조건이나 시기, 세포의 나이, 영양 상태, 공기의 유무 등 생장 조건의 변화에 따라 형태가 다양하게 나타나기 때문에 많은 경험과 세심한 관찰을 요구한다.

실험 12 효모의 분리와 배양

효모는 자연에 널리 분포되어 있지만 주위에서 간단히 분리하는 데는 과실의 표면(특히 포도), 주박(청주 효모), 압착 효모(빵 효모) 등이 좋다. 압착 효모를 제외한 포도나 주박 중에는 효모 이외의 미생물이 혼재되어 있으므로 목적의 효모를 우선하여 증식시키는 집식 배양을 하여 목적의 효모를 순수하게 분리한다.

재료 및 기구

① 배지 : Yeast mold agar
② 재료 : 포도, 사면배지, 멸균 가아제
③ 기구 : 멸균 시험관, 백금이, petri dish, 삼각 flask, autoclave, incubator

실험 방법

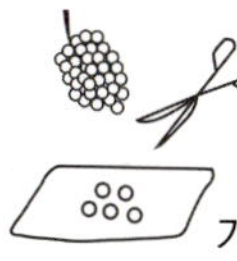

포도를 멸균 가아제에 싼다.

→

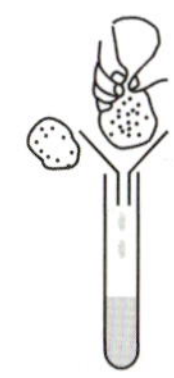

멸균 시험관에 짜낸 과즙을 넣는다.

→

30℃에서 72시간 배양한다(집식배양).

→

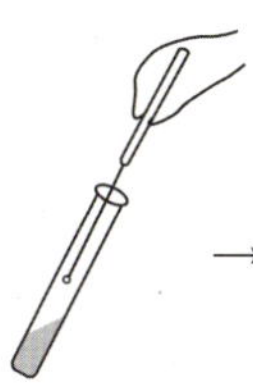

1백금이를 묻힌다.

→

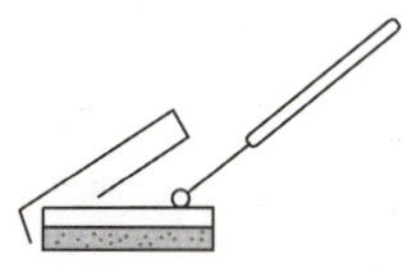

평판배지에 획선 도말한다.

→

petri dish를 도치하여 30℃에서 48시간 배양한다.

→

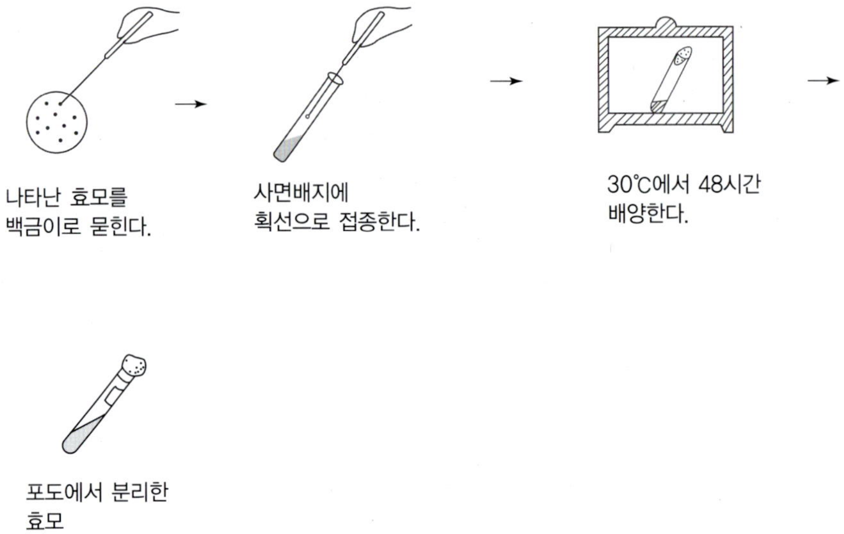

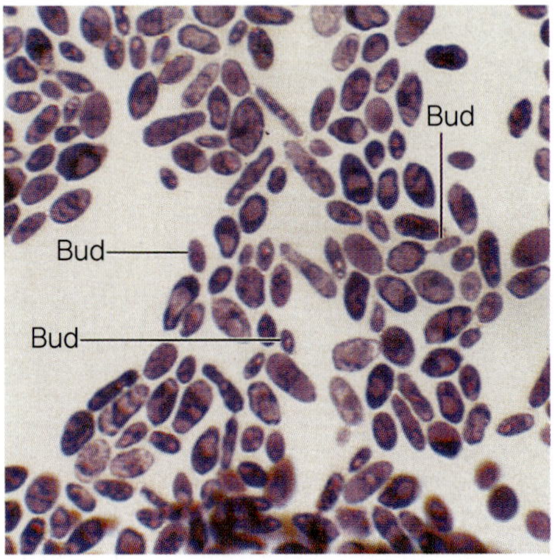

|그림 9-1| 효모의 oval-shaped cell

실험 보고서

(Experimental report)

실험일자 : 학년 : 학번 : 이름 :

실험 제목(Title) ....

1. 목적 및 원리(Principle)

....

2. 재료 및 기구(Material & Apparatus)

....

3. 실험 방법(Method)

....

4. 데이터 및 계산(Data & Calculation)

....

5. 결과(Result)

....

6. 고찰(Discussion)

....

7. 참고문헌(Reference)

....

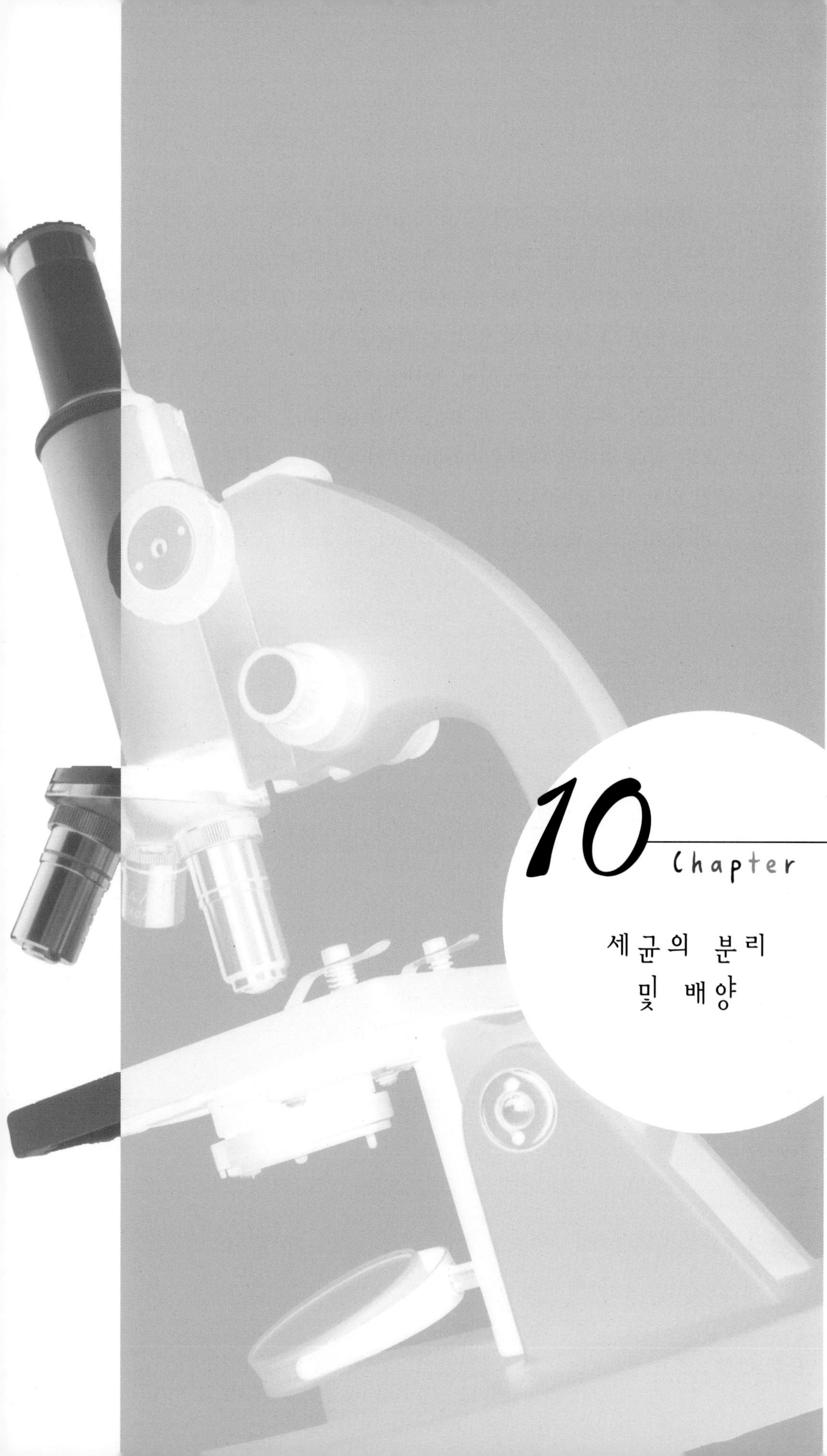

10 Chapter

세균의 분리 및 배양

세균(bacteria)은 원핵세포(procaryotic cell)의 구조를 가진 하등 미생물로서 남조류를 제외한 미생물이다. 분열(binary fission)에 의한 증식이 특징이며, 미생물 중에서 크기가 작아 광학현미경으로 확대하지 않으면 그 형태를 볼 수 없다. 세균은 각각 특징이 있는 모양을 지니며 그 모양이 매우 다양하나, 형태에 따라서 구형 또는 타원형인 구균(coccus), 원통형 또는 막대형인 간균(bacillus, rod), 그리고 나선형 또는 굽은 형태의 나선균(spirillum)이라 한다. 그러나 그 형태는 고정된 것이 아니고 배양 조건과 배양 상태에 따라 달라진다. 세균은 자연의 공기, 토양, 물 등에 널리 분포하며, 그 종류나 수는 대단히 많다.

실험 ⑬ 유산균의 분리와 배양

유산균(lactic acid bacteria)은 김치, cheese, yoghurt 등의 발효 식품 제조에 대단히 중요한 균이다. 유산균은 당류를 발효하여 최종 대사산물로 다량의 젖산(lactic acid)을 생산하는 Gram 양성균이다. 유산균은 균의 형태, 발효 형식, 가스 생산성 및 호기성 발육에 의해 *Streptococcus*속, *Pediococcus*속, *Leuconostoc*속, *Lactobacillus*속 및 *Bifidobacterium*속 등 5균속으로 분류된다. 이들은 발육 온도, 영양 요구성, 산소 요구성, 내열성, 내염성, 내산성 및 젖산 생산성 등의 성질이 다르다.

*Streptococcus*는 유제품의 발효균(starter)으로서 식품 가공에 이용되고 있다. *Pediococcus*와 *Leuconostoc*은 대부분 발효에 관련된 균으로 동물의 생체와는 관계가 적다. 대표적 유산균인 *Lactobacillus*는 발효 식품을 비롯하여 구강, 장관에 상재하는 균총으로서 사람과 동물의 보건 효과에 매우 중요하게 관계한다. *Bifidobacterium*은 유아의 장내 균총을 구성하는 중요한 장내 세균으로 주목되고 있다. 대부분의 유산균은 유산균 이외의 유해균의 발육을 억제하는 효과가 있어 발효제로 사용하여 양질의 발효 제품을 만드는 데 이용되고 있다.

재료 및 기구

① 배지 : Lactobacilli MRS agar
② 재료 : yoghurt, 우유, 김치, 멸균 생리식염수
③ 기구 : 백금이, 멸균 pipette, 삼각 flask, petri dish, 시험관, autoclave, incubator

실험 방법

① 시료 1mL를 취하여 멸균 생리식염수 9mL에 넣어 혼합한 후 순서대로 10배 단계 희석을 한다.

② 각각의 희석액 1mL씩 취하여 멸균 petri dish에 넣고 멸균한 MRS agar를 넣은 다음 잘 혼합한다.

③ 37℃ 배양기에서 24~48시간 배양한 후 잘 분리된 colony를 취하여 colony의 특성을 관찰한다.

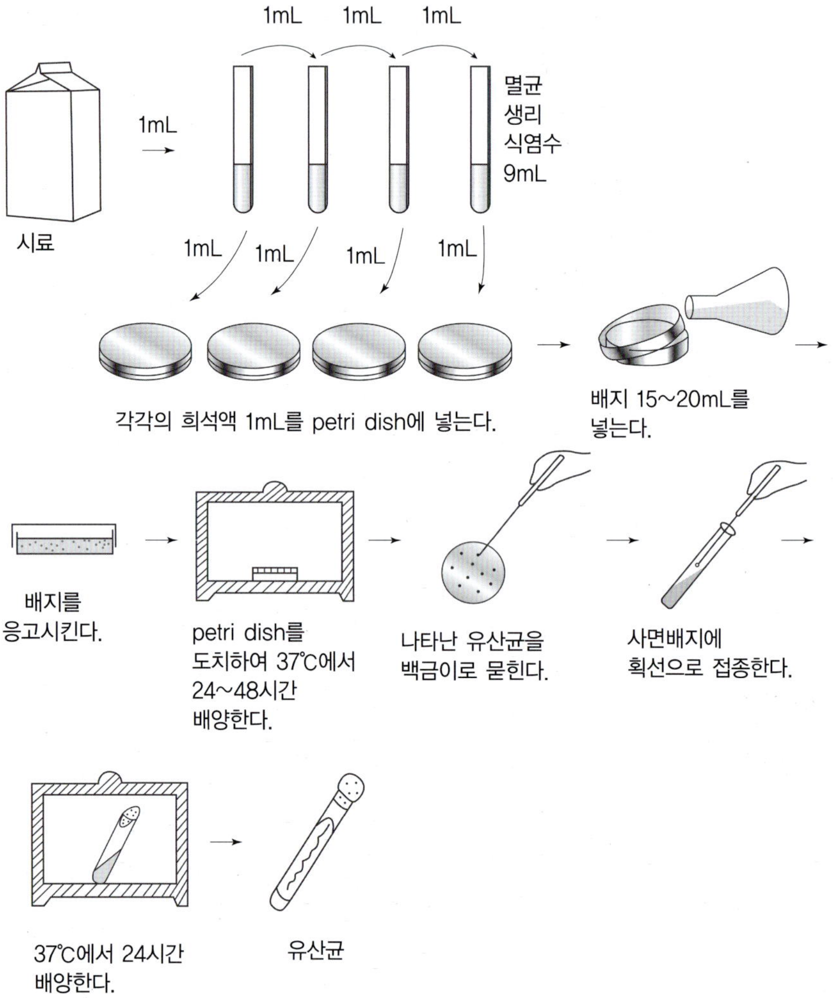

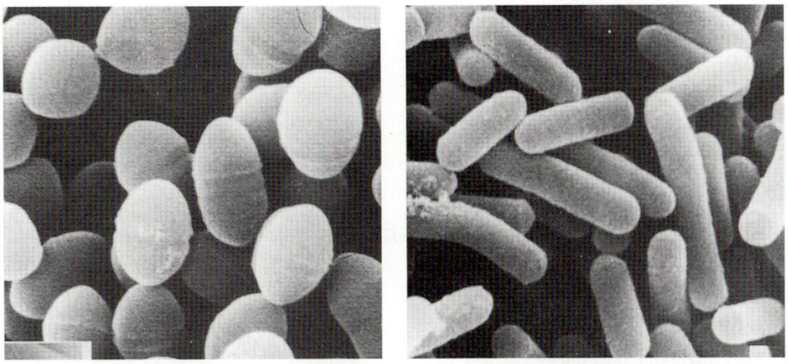

Streptococcus thermophilus *Lactobacillus casei*

|그림 10-1| 발효유에서 분리한 유산균

실험 보고서

(Experimental report)

실험일자 : 학년 : 학번 : 이름 :

실험 제목(Title) ....

1. 목적 및 원리(Principle)

....

2. 재료 및 기구(Material & Apparatus)

....

3. 실험 방법(Method)

....

4. 데이터 및 계산(Data & Calculation)

....

5. 결과(Result)

....

6. 고찰(Discussion)

....

7. 참고문헌(Reference)

....

실험 14 초산균의 분리와 배양

초산균(acetic acid bacteria)은 Gram 음성, 호기성 간균으로 초산(acetic acid) 생성능이 강하고 주모성 편모(peritrichous flagella)를 가지는 *Acetobater*속과 초산 생성능이 약하고 포도당을 산화하여 gluconic acid를 생성하며 극모성 편모를 가지는 *Gluconobacter*속이 있다. *Acetobacter*는 ethanol을 함유하는 모든 주류(포도주, 맥주 등)를 산화 발효하여 초산을 생성한다. 식초 양조에는 *Acetobacter aceti*와 *Acetobacter schutzenbachii* 등이 이용되며 *Acetobacter aceti subsp. xylinum, Acetobacter suboxydans*는 식초 양조에 유해한 균주이다.

본 실험에서는 ethanol이 함유된 포도주, 맥주, 청주 등에서 초산균을 분리 배양한다.

재료 및 기구

① 배지 : 5% ethanol이 함유된 malt extract medium, malt extract agar
② 재료 : ethanol을 함유한 주류(포도주, 탄산가스를 제거한 맥주, 2배 희석한 맥주), ethanol, 초산
③ 기구 : 백금이, 삼각 flask, 멸균 pipette, petri dish, autoclave, incubator

실험 방법

① 5% ethanol이 함유된 malt extract 배지 50mL를 121℃에서 15분간 멸균한다.
② 시료 1mL를 배지에 접종한 후 25~30℃에서 24~48시간 배양한다.
③ 초산균이 많이 증식하게 되면 배양액의 표면에 담청색의 끈끈한 균막이 형성된다(효모에 의한 산막 형성을 막기 위해 2~3% 초산액을 가한다).

④ 균막의 일부를 멸균 백금이로 채취하여 malt extract agar 평판배지 표면에 획선으로 접종한다.

⑤ 25~30℃ 배양기에서 24~48시간 배양한 후 잘 분리된 colony를 취하여 colony의 특성을 관찰한다.

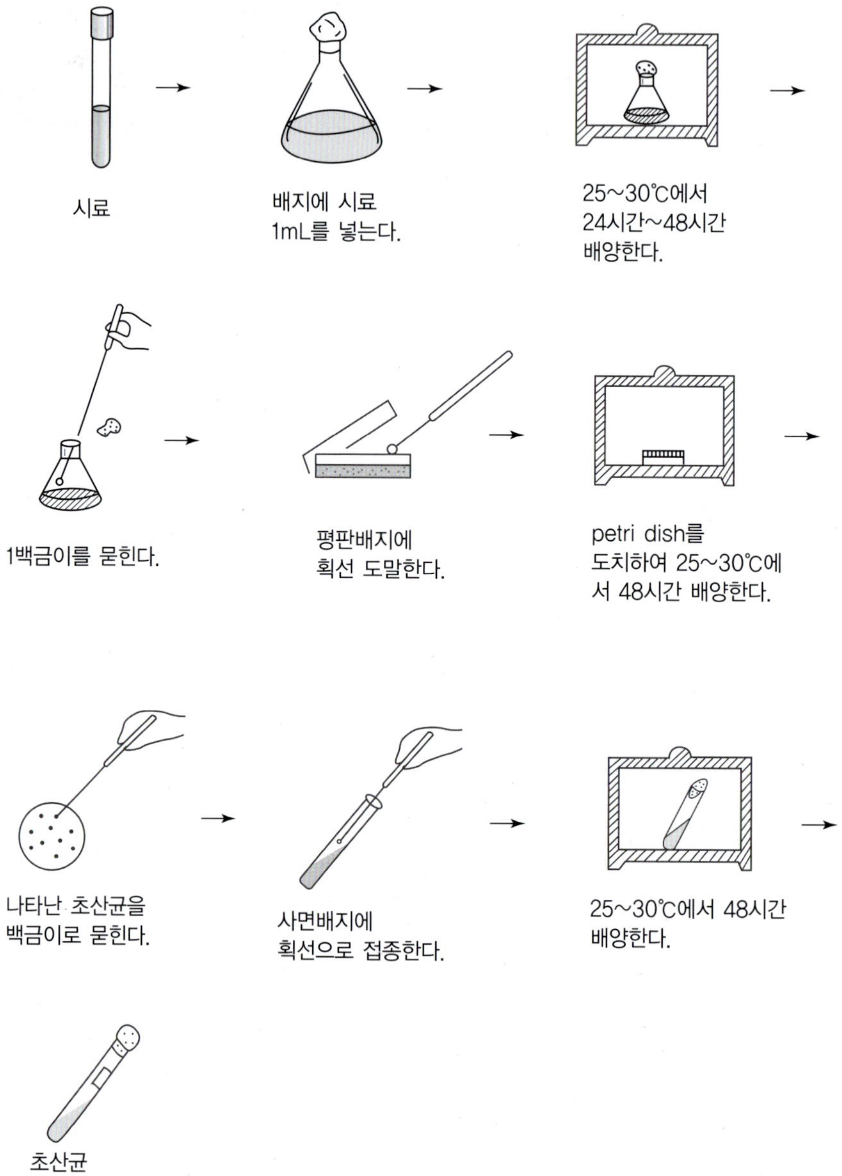

실험 보고서

(Experimental report)

실험일자 :　　　　학년 :　　　　학번 :　　　　이름 :

실험 제목(Title) ....

1. 목적 및 원리(Principle)

....

2. 재료 및 기구(Material & Apparatus)

....

3. 실험 방법(Method)

....

4. 데이터 및 계산(Data & Calculation)

....

5. 결과(Result)

....

6. 고찰(Discussion)

....

7. 참고문헌(Reference)

....

실험 15 고초균의 분리와 배양

토양 중에는 많은 종류의 세균이 살고 있으며 유포자 세균의 하나인 고초균(*Bacillus*속)을 토양 중에서 선택적으로 분리하여 배양한다.

재료 및 기구

① 배지 : Starch agar
② 재료 : 토양, 멸균 생리식염수
③ 기구 : 시험관, 멸균 pipette, alcohol lamp, petri dish, 삼각 flask, 백금이, autoclave, incubator

실험 방법

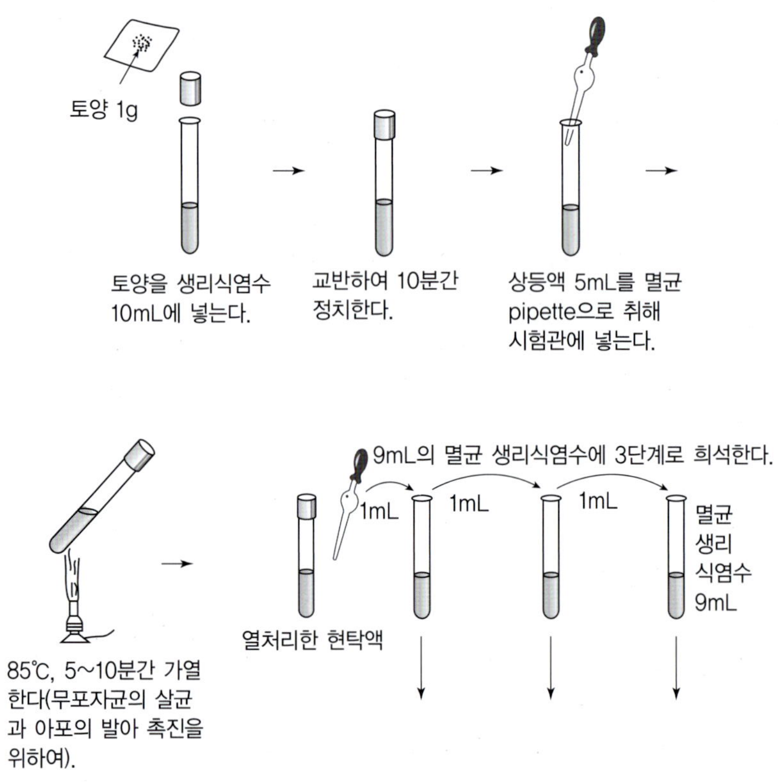

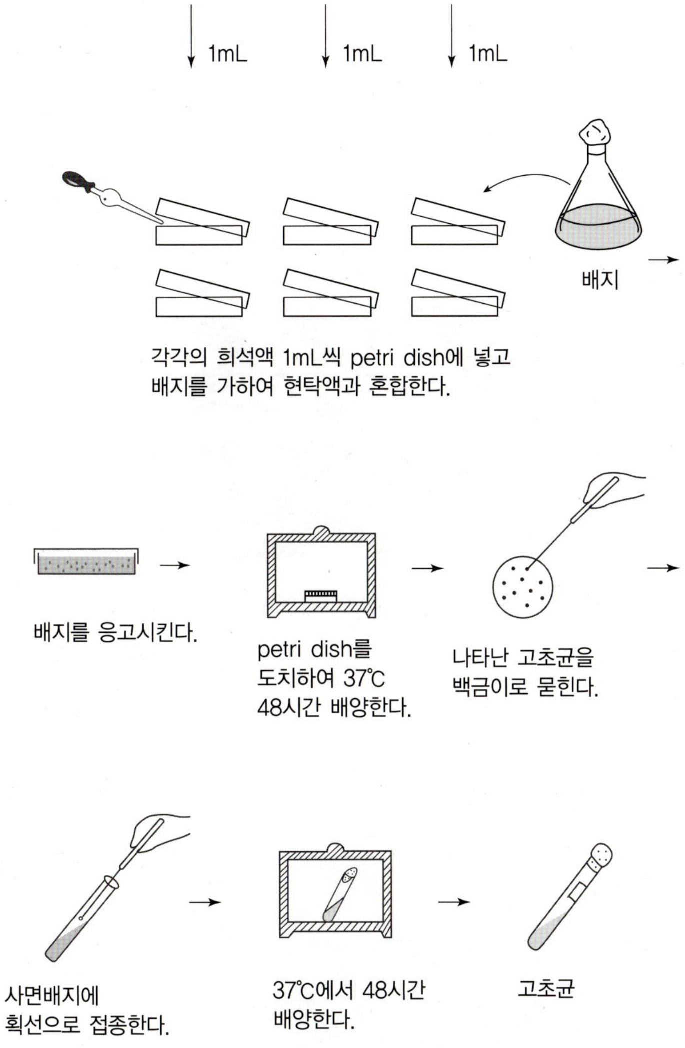
1mL
1mL
1mL
배지
각각의 희석액 1mL씩 petri dish에 넣고
배지를 가하여 현탁액과 혼합한다.
배지를 응고시킨다.
petri dish를
도치하여 37℃
48시간 배양한다.
나타난 고초균을
백금이로 묻힌다.
사면배지에
획선으로 접종한다.
37℃에서 48시간
배양한다.
고초균

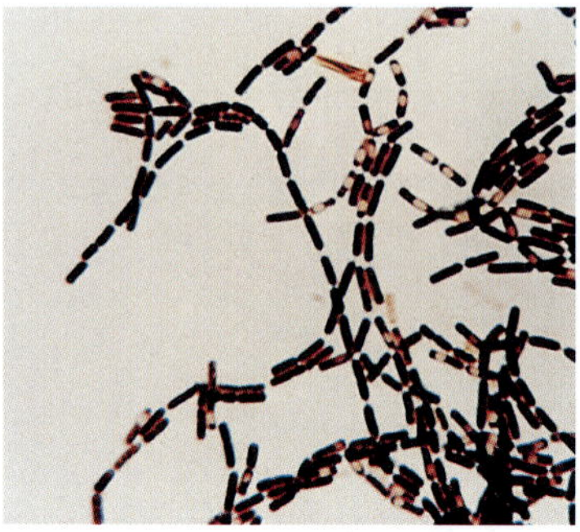

|그림 10-2| *Bacillus subtilis*의 형태

|그림 10-3| 전자현미경상에서의 *Bacillus subtilis*

실험 보고서

(Experimental report)

실험일자 : 학년 : 학번 : 이름 :

실험 제목(Title) ....

1. 목적 및 원리(Principle)

....

2. 재료 및 기구(Material & Apparatus)

....

3. 실험 방법(Method)

....

4. 데이터 및 계산(Data & Calculation)

....

5. 결과(Result)

....

6. 고찰(Discussion)

....

7. 참고문헌(Reference)

....

11 Chapter

균수 측정법

식품 중의 일정 부피 내에 존재하는 균수의 측정법에는 적절히 희석한 시료를 배지에 접종하여 형성되는 colony의 수를 측정하는 생균수 측정법과 계수기(counting chamber)를 이용하여 현미경 하에서 균수를 직접 측정하는 총균수 측정법이 있다.

1 생균수 측정법

생균수(viable cell count)는 대상으로 하는 식품 중의 총 생균수라는 뜻은 아니며 일정한 조성의 배지에서 일정 온도로 유지하여 일정 시간 후에 한천 평판 위에 형성된 호기성균의 colony 수를 나타낸 것이다. 생균수 측정에 가장 많이 사용되는 방법은 시료를 적당히 희석하여 한천배지에서 배양한 다음 colony를 형성하는 균의 수를 측정하는 평판계수법(plate count)이다. 생균수 측정에 의하여 얻어진 균의 수는 집락 형성 단위(colony forming unit, cfu/mL 또는 cfu/g)로 표시하는데 이것은 각각의 colony는 한 개의 단일 세포에서 유래되기도 하지만 세포 집단으로부터 얻어질 수도 있기 때문이다. 평판계수법은 혼합희석평판배양법과 평판도말배양법 등이 있다.

1.1 혼합희석평판배양법

시료가 고체나 반유동체의 경우에는 시료의 1g 또는 10g 정도를 무균적으로 채취 칭량하여서 10배량의 멸균 생리식염수를 첨가하고 blender를 이용하여 균질화한다. 이것을 원액으로 하여 10배씩 단계적으로 적당한 배수로 희석하여 평판배지 1개에 30~300개의 colony가 형성되도록 한다. 1mL의 시료액 또는 각 단계 희석 시료액을 멸균 petri dish 2~5장씩에 넣는다. 미리 멸균하여 굳지 않을 정도(45~50

℃)로 식혀 둔 한천배지를 15~20mL씩 무균적으로 주입하고, petri dish 뚜껑에 배지가 묻지 않도록 주의하면서 시료와 배지를 잘 혼합하여 평판배지를 만들고 배양한다. 적정 기간 배양한 후 곧 30~300개의 colony가 발생한 평판배지의 colony 수를 측정하고 희석 배수가 동일한 평판배지의 colony 수를 평균한 값에 그 평판배지의 희석 배수를 곱하여 시료 1g 또는 1mL 중의 세균수를 산출한다.

1.2 평판도말배양법

미리 petri dish 내에 한천배지의 평판배지를 만들어 건조시켜 두고 평판배지 위에 적당히 희석한 시료를 0.1mL 접종한 후 멸균 conradi 봉(spreader)으로 평판배지 표면에 골고루 펴서 분산시킨 다음, 배양하여 나타난 colony 수로부터 균수를 계산한다.

2 총균수 측정법

총균수(total cell count)는 단세포 생물의 개체수를 현미경 또는 기타 방법으로 생균과 사균을 구분하지 않고 모두 측정한 것이다. 직접 현미경 계수법(direct microscopic method)은 식품 및 기타의 검체 중에 존재하는 미생물의 세포수를 slide glass 표면에 격자가 그려져 있는 계수기(counting chamber)를 사용하여 현미경으로 직접 계수한 것으로써 평판배양법에 의한 검사법과는 달리 즉시 결과를 알 수 있고 무균 조작이 필요없는 이점이 있다. 그러나 이 총균수 중에는 생균수 이외에 사멸된 균수도 포함되어 있으므로 총균수의 수치는 생균수보다 크다.

총균수 측정은 주로 식품 원료의 품질 관리에 이용되고 있다. 우유,

유제품, 난제품, 통조림, 레토르트 식품, 기타 가열 살균한 제품 등의 가열 이전의 원료의 오염 상황 및 취급 상태를 평가할 때 총균수 검사를 실시한다. 우유와 유제품의 세균수 측정에 이용되는 Breed법이 있으며, 과일과 야채 등의 곰팡이와 효모용으로는 Howard fungus 계수기와 Thomas 혈구 계수판이 사용된다.

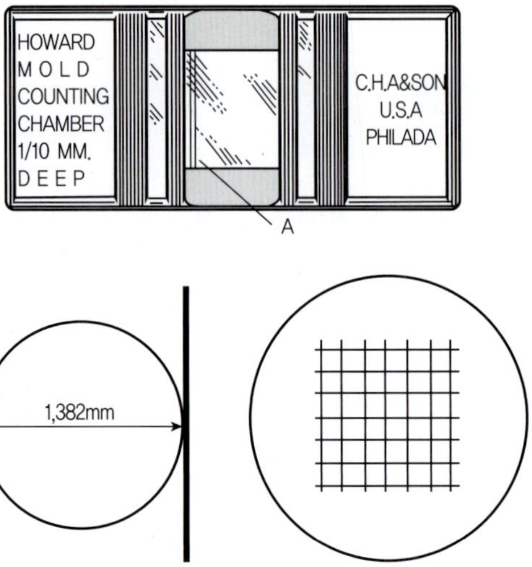

|그림 11-1| Howard fungus 계수기

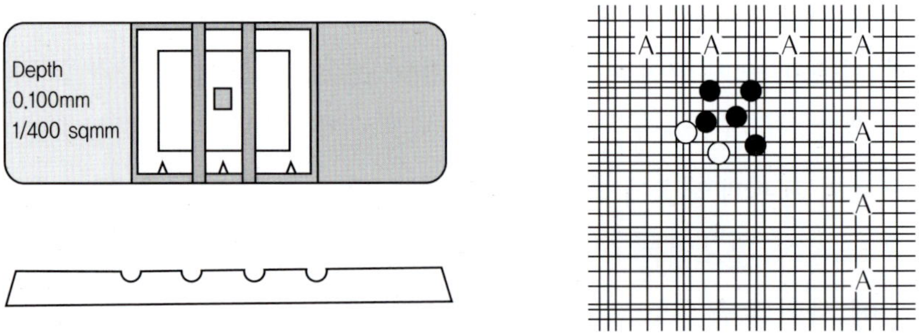

|그림 11-2| Thomas 혈구 계수판

실험 16 식품의 생균수 측정

식품 속에 살아 있는 세균의 전체 수를 정량적으로 산출한다.

재료 및 기구

① 배지 : Plate count agar
② 재료 : 소시지, 햄버거, 만두, 멸균 생리식염수
③ 기구 : petri dish, 1mL pipette, colony counter, cap tube, vortex mixer, 저울, blender, autoclave, incubator

실험 방법

시료 10g을 멸균 생리 식염수 90mL와 함께 1분간 분쇄한다.

9mL의 멸균 생리식염수에 각각의 1mL 시료를 단계적으로 희석한다.

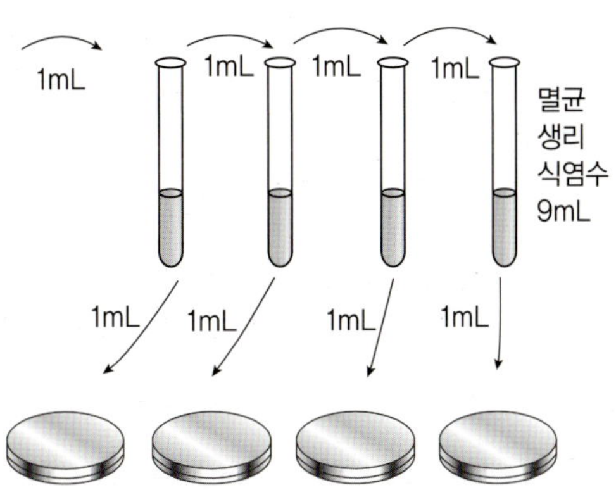

각 시료 1mL를 petri dish에 넣는다.

배지 15~20mL를 넣는다.

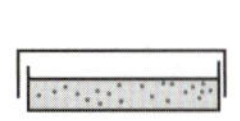

배지를 응고시킨다.

→ 

petri dish를 도치하여
35~37℃에서
24~48시간 배양한다.

→ 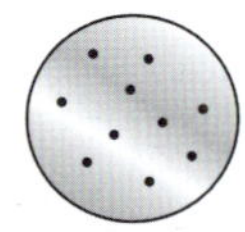

나타난 colony
수를 센다.

|그림 11-3| 십진희석법에 의한 희석 결과

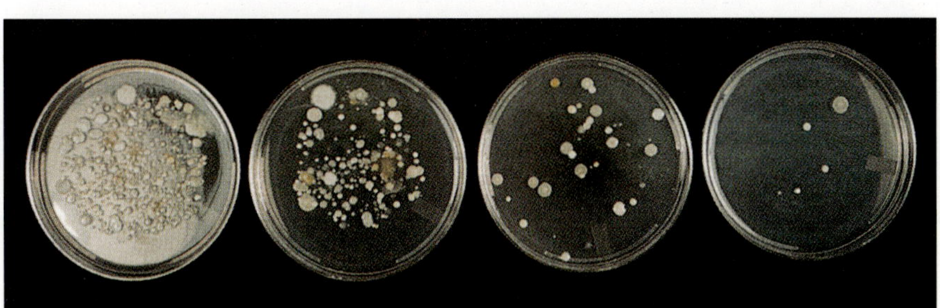

|그림 11-4| 혼합희석평판배양법에 의한 생균수의 차이

실험 보고서

(Experimental report)

실험일자 : 학년 : 학번 : 이름 :

실험 제목(Title) ....

1. 목적 및 원리(Principle)

....

2. 재료 및 기구(Material & Apparatus)

....

3. 실험 방법(Method)

....

4. 데이터 및 계산(Data & Calculation)

....

5. 결과(Result)

....

6. 고찰(Discussion)

....

7. 참고문헌(Reference)

....

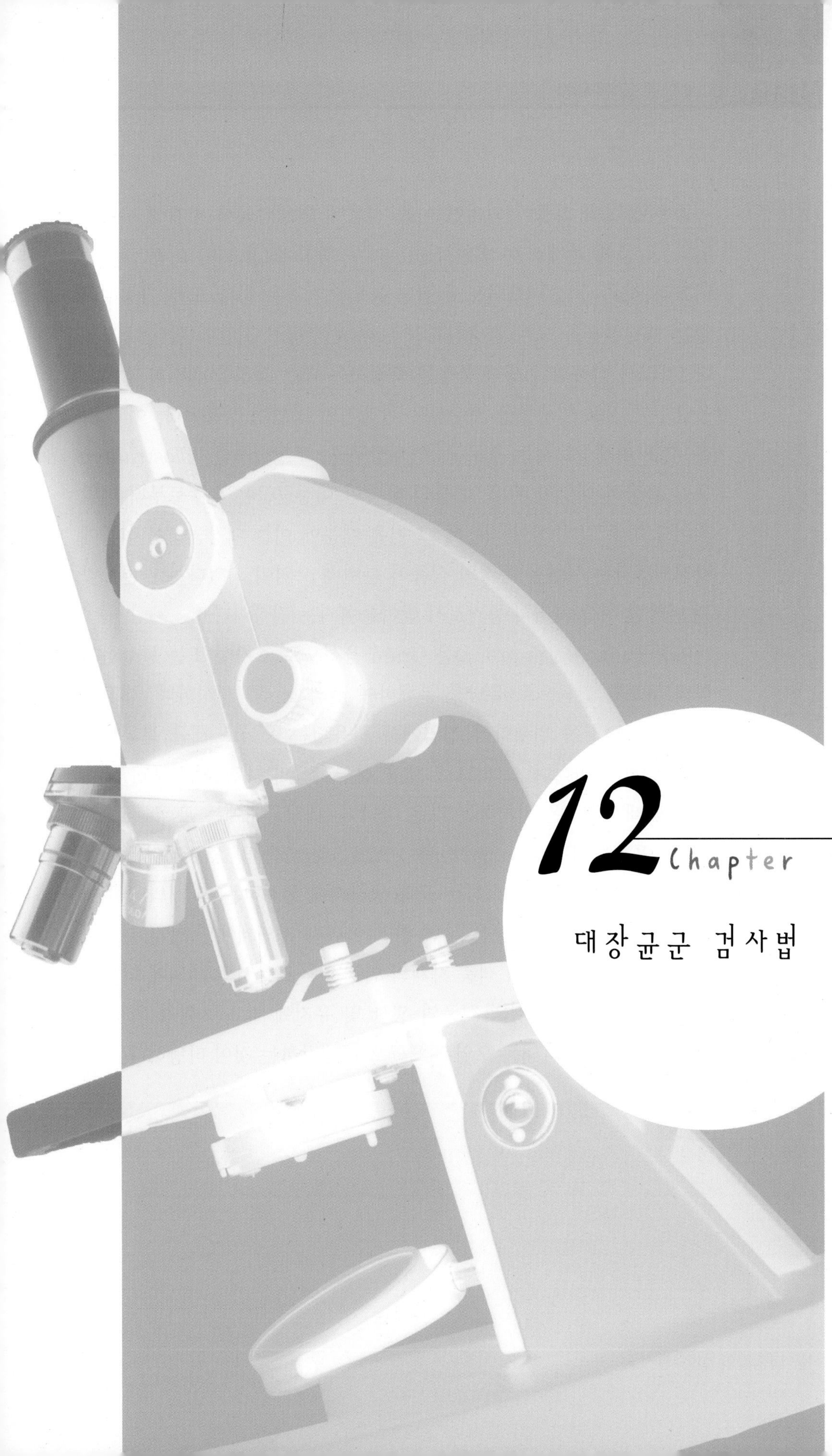

12 Chapter

대장균군 검사법

좋은 품질의 식품이 되려면 이들 식품에 병원성균이 존재해서는 안 된다. 식품에 존재하는 병원성균은 매우 종류가 많으며, 어떤 경우는 비교적 적은 수의 미생물로서 질병을 일으키기는 하나 모든 가능성이 있는 병원성균을 모두 검출하기란 매우 번잡하고 시간이 많이 소요된다. 따라서 식품의 위생적 품질을 측정하는 데는 동정을 실시하지 않고 총균수나 지표 미생물을 계수하는 관례적인 방법이 사용된다. 이와 같은 지표 미생물로서는 장구균, 연쇄상구균, 포도상구균, *Clostridium* 등이 관심의 대상이 된다. 이들의 하나인 대장균군은 숙주로부터 이탈되어도 아주 잘 증식이 되는데 그 이유 때문에 이들 대장균군이 식품에 발견되었다는 사실은 특정의 식품이 분변계 오염이 되었다는 결론보다는 빈약한 위생 처리의 증거로서 받아들여지는 경향이다.

대장균군(coliform group)은 Gram 음성으로 호기성 또는 통성혐기성의 무포자 간균으로 유당을 분해하여 산과 gas를 생성한다. 대장균군이라는 명칭은 위생학적 영역에서 사용되는 용어로 세균 분류학에 기초한 것은 아니다. 그러므로 세균 분류학상의 대장균(*Escherichia coli*)과 대장균군은 일치하는 것은 아니다. 대장균군에는 *Escherichia coli*를 포함하여 *Enterobacter*속, *Citrobacter*속 및 *Klebsiella*속 등의 많은 장내 세균과에 속하는 균과 생태계에 존재하는 몇 개의 균종이 포함되어 있다. 대장균군은 분변 뿐만 아니라 자연계에도 널리 분포하고 있기 때문에, 종래의 식품 자체의 안전성 지표로서의 의의에 더하여 보다 안전성 높은 양질의 식품의 생산 및 유지에 필요한 환경 위생 관리상의 척도를 나타내는 오염 지표균으로 생각하는 것이 타당하다.

1 대장균군 검사법

액체배지법 또는 고체배지법 중 어느 것이나 사용할 수 있다. 시료 중에 대장균군이 존재하는가를 검사하는 정성 시험과 균수를 산출하는 정량 시험이 있다. 모든 검사 방법은 추정 시험, 확정 시험, 완전 시험의 세 가지 단계로 구성되어 있다.

1.1 액체배지 배양법

●●● 정성 시험

① 추정 시험(presumptive test)

시험 대상에 따라 BGLB(brilliant green lactose bile broth) 배지와 lactose broth 배지를 사용하는 두 가지 방법이 있으며, 모두 durham 발효관을 시험관에 넣은 배지에서 시험을 한다. BGLB 배지는 영양소가 풍부한 식품 전반에 사용하고, lactose broth 배지는 영양소가 적은 어패류 서식지의 해수, 용수, 얼음, 식품 취급 기기 등의 세척 재료 등에 적용한다.

단계적으로 일정하게 희석(3단계 이상)한 시료의 일정량을 lactose 발효관에 이식, 배양하여 대장균군의 정성 시험을 하고 동시에 최확수(MPN) 방식에 의해서 정량 시험도 한다. 즉 시료 원액 또는 희석 시료액 10mL, 1mL, 0.1mL를 각각 5개의 액체배지 10mL 발효관에 접종한다. 다만, 시료액 10mL를 접종할 때에는 2배 농도의 lactose broth 배지 10mL를 사용하고, 시료액이 0.1mL 이하인 경우에는 10배수 희석 시료액 1mL씩을 접종하도록 한다. 배양을 35~37℃에서 24시간 하고 액체배지에서 유당을 발효하여 gas 발생의 유무를 조사하여 양성이면 추정 시험 양성으로서 다음의 확정 시험으로 옮기고, 음성이면 24시간 더 배양하여 gas 발생의 유무를 확인한다.

② 확정 시험(confirmatory test)

추정 시험 양성의 발효관으로부터 BGLB 발효관에 이식하여 35~37℃에서 24±2시간 또는 48±3시간 배양하여 gas가 발생한 BGLB 발효관으로부터 1백금이를 EMB(eosin methylene blue) agar 또는 Endo agar 평판배지에 도말 배양하여 독립된 colony가 형성되도록 한다. 평판배지에서 35~37℃에서 24시간 배양 후 녹색 금속성 광택의 전형적인 대장균군의 colony가 형성되면 확정 시험 양성이다.

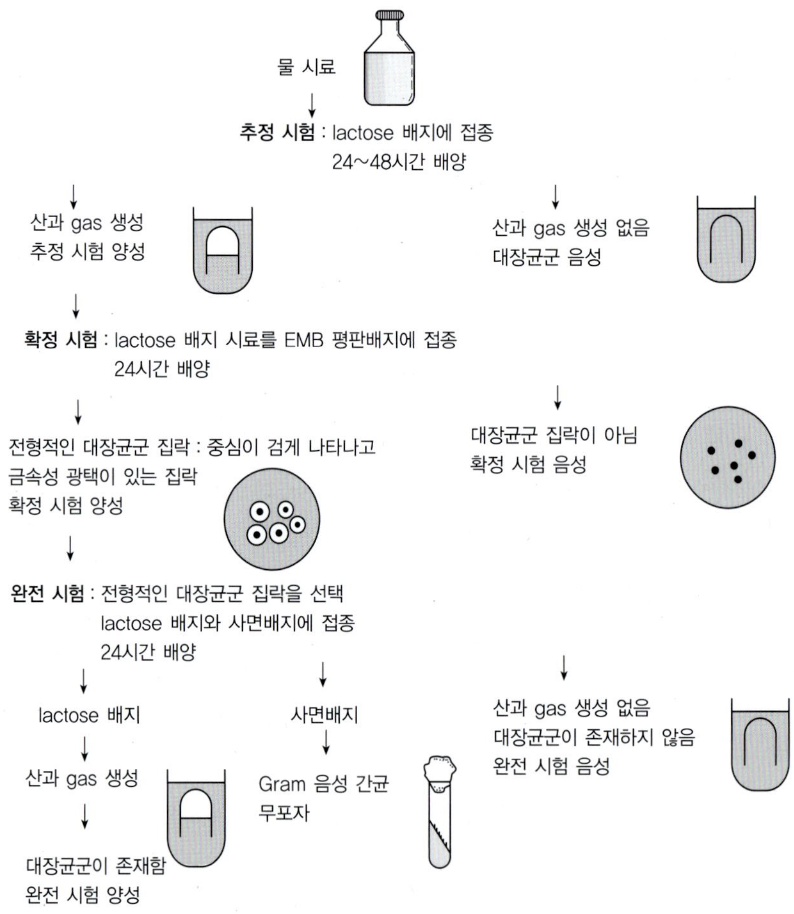

[그림 12-1] 대장균군의 정성 시험 방법

③ 완전 시험(complete test)

확정 시험에 평판배지 위에 전형적인 대장균군의 colony가 형성되었을 때는 한 개 또는 그 이상의 colony로부터 균을 따고 만일 비전형적인 colony뿐일 때는 그 중에서 가장 대장균군에 가까운 것으로 판단되는 2개 또는 그 이상의 colony로부터 균을 따서 각각 lactose broth 발효관 및 nutrient agar 사면배지에 이식한다. Lactose broth 발효관에서 35~37℃, 48±3시간 이내에 gas가 발생한 것은 nutrient agar 사면배지의 colony에 대해서 Gram 염색, 포자 염색을 하여 Gram 음성, 무포자의 간균이 증명되면 완전 시험 양성이며 대장균군 양성으로 판정한다. 그러나 이상의 시험 중 한 가지라도 해당이 안 되면 완전 시험 음성이며 대장균군 음성으로 판정한다.

정량 시험

시료를 단계적으로 희석하여 그 일정량을 각각 적당한 액체배지에 배양하여 어느 희석 단계까지 균이 발육하는가에 따라 확률론에 의해서 미리 산출된 최확수(most probable number, MPN)표로 시료 중의 균수를 아는 방법이며 대장균군의 생균수 측정에 이용되므로 일반적으로 대장균군의 MPN법이라고도 한다.

가스 발생에 의해서 대장균군 양성으로 판명되면 추정 시험의 3단계의 각 희석배수 발효관 5개의 결과로부터 양성 발효관 수를 세어서 대장균군 최확수(MPN)표를 이용하여 시료 100mL 또는 100g 중의 확률론적인 대장균군 수를 산출한다.

이 표는 시료액 10mL, 1mL, 0.1mL씩 3단계 희석한 것을 각각 5개의 발효관에 접종한 경우의 100mL 중 최확수를 나타낸 것으로, 다른 희석 배열을 사용한 경우에는 그 희석 배수를 곱하여 환산한다.

◐ 표 12-1 ◑ 5관법에 의한 최확수표(최확수 양성관의 총조합)

양성관 수			최확수	양성관 수			최확수	양성관수			최확수
10	1	0.1	100	10	1	0.1	100	10	1	0.1	100
0	0	0	〈1.8	1	0	0	2.0	2	0	0	4.5
0	0	1	1.8	1	0	1	4.0	2	0	1	6.8
0	0	2	3.6	1	0	2	6.0	2	0	2	9.1
0	0	3	5.4	1	0	3	8.0	2	0	3	12
0	0	4	7.2	1	0	4	10	2	0	4	14
0	0	5	9.0	1	0	5	12	2	0	5	16
0	1	0	1.8	1	1	0	4.0	2	1	0	6.8
0	1	1	3.6	1	1	1	6.1	2	1	1	9.2
0	1	2	5.5	1	1	2	8.1	2	1	2	12
0	1	3	7.3	1	1	3	10	2	1	3	14
0	1	4	9.4	1	1	4	12	2	1	4	17
0	1	5	11	1	1	5	14	2	1	5	19
0	2	0	3.7	1	2	0	6.1	2	2	0	9.3
0	2	1	5.5	1	2	1	8.2	2	2	1	12
0	2	2	7.4	1	2	2	10	2	2	2	14
0	2	3	9.2	1	2	3	12	2	2	3	17
0	2	4	11	1	2	4	15	2	2	4	19
0	2	5	13	1	2	5	17	2	2	5	22
0	3	0	5.6	1	3	0	8.3	2	3	0	12
0	3	1	7.4	1	3	1	10	2	3	1	14
0	3	2	9.3	1	3	2	13	2	3	2	17
0	3	3	11	1	3	3	15	2	3	3	20
0	3	4	13	1	3	4	17	2	3	4	22
0	3	5	15	1	3	5	19	2	3	5	25
0	4	0	7.5	1	4	0	11	2	4	0	15
0	4	1	9.4	1	4	1	13	2	4	1	17
0	4	2	11	1	4	2	15	2	4	2	20
0	4	3	13	1	4	3	17	2	4	3	23
0	4	4	15	1	4	4	19	2	4	4	25
0	4	5	17	1	4	5	22	2	4	5	28
0	5	0	9.4	1	5	0	13	2	5	0	17
0	5	1	11	1	5	1	15	2	5	1	20
0	5	2	13	1	5	2	17	2	5	2	23
0	5	3	15	1	5	3	19	2	5	3	26
0	5	4	17	1	5	4	22	2	5	4	29
0	5	5	19	1	5	5	24	2	5	5	32

◐ 표 12-1 ◑ 5관법에 의한 최확수표(최확수 양성관의 총조합)

양성관 수			최확수	양성관 수			최확수	양성관수			최확수
10	1	0.1	100	10	1	0.1	100	10	1	0.1	100
3	0	0	7.8	4	0	0	13	5	0	0	23
3	0	1	11	4	0	1	17	5	0	1	31
3	0	2	13	4	0	2	21	5	0	2	43
3	0	3	16	4	0	3	25	5	0	3	58
3	0	4	20	4	0	4	30	5	0	4	76
3	0	5	23	4	0	5	36	5	0	5	95
3	1	0	11	4	1	0	17	5	1	0	33
3	1	1	14	4	1	1	21	5	1	1	46
3	1	2	17	4	1	2	26	5	1	2	64
3	1	3	20	4	1	3	31	5	1	3	84
3	1	4	23	4	1	4	36	5	1	4	110
3	1	5	27	4	1	5	42	5	1	5	130
3	2	0	14	4	2	0	22	5	2	0	49
3	2	1	17	4	2	1	26	5	2	1	70
3	2	2	20	4	2	2	32	5	2	2	95
3	2	3	24	4	2	3	38	5	2	3	120
3	2	4	27	4	2	4	44	5	2	4	150
3	2	5	31	4	2	5	50	5	2	5	180
3	3	0	17	4	3	0	27	5	3	0	79
3	3	1	21	4	3	1	33	5	3	1	110
3	3	2	24	4	3	2	39	5	3	2	140
3	3	3	28	4	3	3	45	5	3	3	180
3	3	4	31	4	3	4	52	5	3	4	210
3	3	5	35	4	3	5	59	5	3	5	250
3	4	0	21	4	4	0	34	5	4	0	130
3	4	1	24	4	4	1	40	5	4	1	170
3	4	2	28	4	4	2	47	5	4	2	220
3	4	3	32	4	4	3	54	5	4	3	280
3	4	4	36	4	4	4	62	5	4	4	350
3	4	5	40	4	4	5	69	5	4	5	430
3	5	0	25	4	5	0	41	5	5	0	240
3	5	1	29	4	5	1	48	5	5	1	350
3	5	2	32	4	5	2	56	5	5	2	540
3	5	3	37	4	5	3	64	5	5	3	920
3	5	4	41	4	5	4	72	5	5	4	1,600
3	5	5	45	4	5	5	81	5	5	5	〉2,400

1.2 고체배지 배양법

정성 시험

희석한 시료 1mL씩을 petri dish에 넣고 미리 가온 용해한 desoxycholate agar 배지를 분주하여 시료와 잘 섞이도록 한 후 배양하여 적색의 전형적인 대장균군의 colony가 발생하면 추정 시험 양성으로 하고 의양성의 것과 함께 lactose broth 배지의 확정 시험 및 완전 시험법에 따라 시험하고 대장균군의 유무를 결정한다.

정량 시험

시험 용액 1mL 및 각 단계 희석 시험 용액 1mL에 대하여 생균수 측정법에 따라서 plate count agar 배지를 대신해 desoxycholate agar 배지를 사용하여 위의 정성 시험에서와 같은 조작을 하여 배양한 후 생성된 적색의 colony를 계수하여 시료 1g 또는 1mL 중의 대장균군 수로 산출한다.

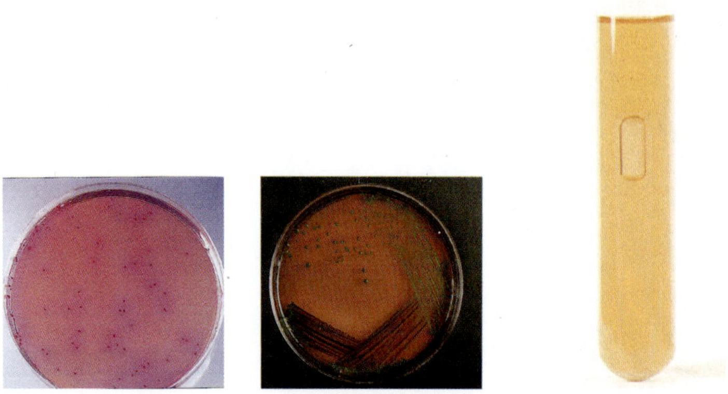

추정 시험 확정 시험 완전 시험

|그림 12-2| 대장균군의 정성 시험 판정

실험 17 대장균군의 최확수법

추정 시험을 통해 식품에 존재하는 대장균군의 오염도를 측정하는 것으로 오염된 대장균군의 정확한 균수의 파악보다는 최적 오염 확률치(MPN)를 산출한다.

재료 및 기구

① 배지 : 단배농도 lactose broth, 이배농도 lactose broth 또는 단배농도 brilliant green lactose bile broth, 이배농도 brilliant green lactose bile broth
② 재료 : 식품, 음료수
③ 기구 : durham tube, 시험관, 10mL pipette, 1mL pipette, 0.1mL pipette, autoclave, incubator

실험 방법

① Durham tube를 시험관에 거꾸로 넣은 다음 이배농도의 액체배지 10mL와 단배농도의 액체배지 10mL씩을 121℃에서 15분간 멸균한다.
② 시료를 5개의 이배농도 액체배지 시험관에 10mL를 접종하고, 각각 5개의 단배농도 액체배지 시험관에는 1mL와 0.1mL씩을 접종한 후 35℃에서 24~48시간 배양한다.
③ 배양 후 durham tube에 gas가 생성된 숫자를 조사한 다음 최적 확률치표를 보고 시료 100mL당 존재하는 대장균군의 확률치를 구한다.

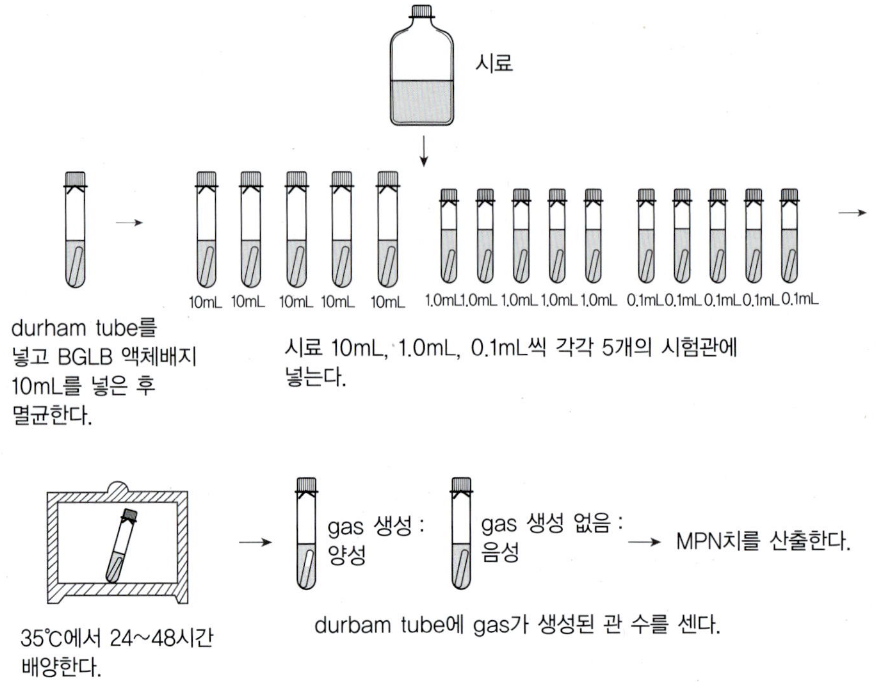

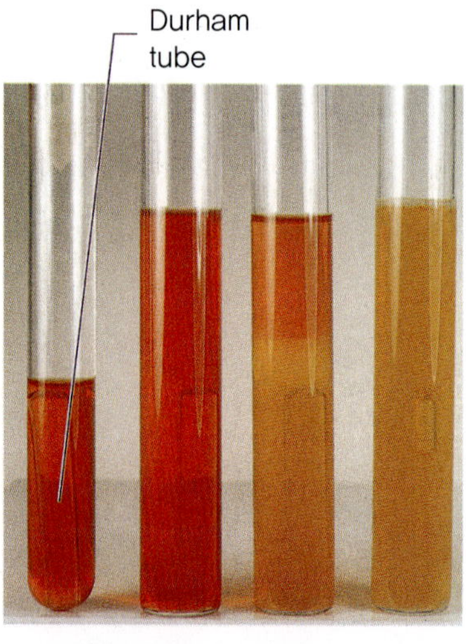

|그림 12-3| 대장균군의 최확수(MPN)법

실험 보고서

(Experimental report)

실험일자 : 학년 : 학번 : 이름 :

실험 제목(Title) ....

1. 목적 및 원리(Principle)

....

2. 재료 및 기구(Material & Apparatus)

....

3. 실험 방법(Method)

....

4. 데이터 및 계산(Data & Calculation)

....

5. 결과(Result)

....

6. 고찰(Discussion)

....

7. 참고문헌(Reference)

....

실험 18 대장균군의 균수 정량법

식품이나 음료수에 오염되어 있는 대장균군의 균수를 고체배지를 사용한 혼합희석평판배양법으로 추정 시험에 의해 계산한다.

재료 및 기구

① 배지 : Desoxycholate agar
② 재료 : 식품, 음료수, 아이스크림
③ 기구 : petri dish, 멸균 pipette, alcohol lamp, beaker, incubator, colony counter

실험 방법

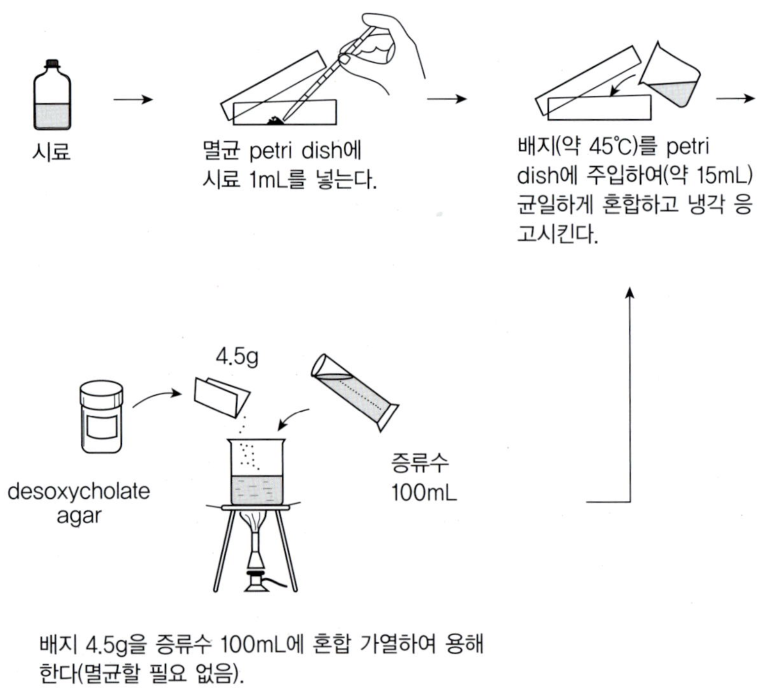

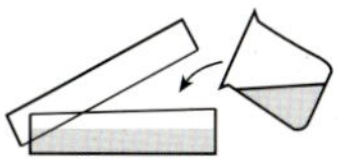

→

이 위에 같은 배지 3~4mL 를 표면에 흘려서 중층한다(대장균군의 비정형적인 표면 colony의 형성을 막기 위해).

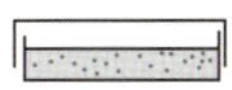

→

냉각 응고시킨다.

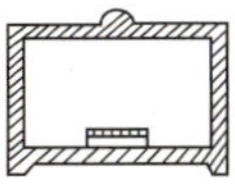

→

petri dish를 도치하여 37℃ 15~20시간 배양한다.

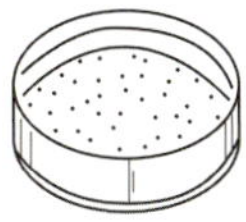

암적색(직경 0.5mm이상)의 colony를 양성으로 하여 대장균군의 균수를 센다.

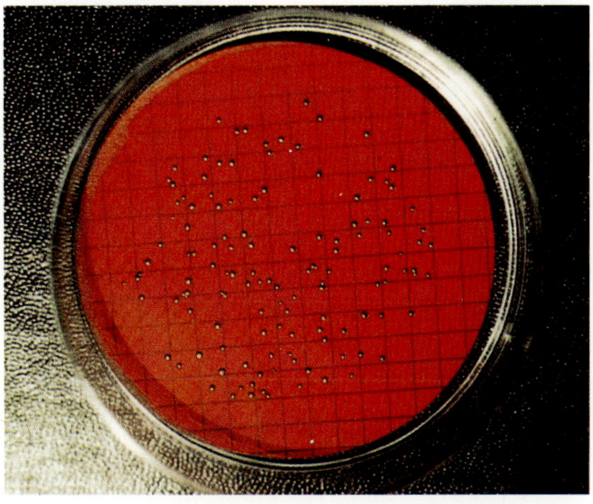

|그림 12-4| 전형적인 암적색의 대장균군

실험 보고서

(Experimental report)

실험일자 : 학년 : 학번 : 이름 :

실험 제목(Title) ....

1. 목적 및 원리(Principle)

....

2. 재료 및 기구(Material & Apparatus)

....

3. 실험 방법(Method)

....

4. 데이터 및 계산(Data & Calculation)

....

5. 결과(Result)

....

6. 고찰(Discussion)

....

7. 참고문헌(Reference)

....

13 Chapter

미생물의 발효성

미생물을 이용하여 유용한 산물을 생산하는 것을 일반적으로 발효(fermentation)라 한다. 인류는 미생물의 존재를 알기 전부터 포도주, 김치, cheese, yoghurt 등과 같은 기호식품 및 음료를 생산하여 먹어 왔으며, 미생물의 실체가 밝혀지고 유전적 생리적 특성이 규명되면서 더욱 다양하고 유용한 물질들을 미생물을 이용하여 생산하게 되었다. 발효에 관여하는 미생물은 매우 다양하며 곰팡이로는 *Aspergillus oryzae*, *Aspergillus sojae*, *Penicillium roqueforti*, 효모로는 *Saccharomyces cerevisiae*, *Saccharomyces coreanus* 등이 있고, 세균으로는 유산균에 속하는 *Lactobacillus lactis*, *Lactobacillus acidophilus*, *Lactobacillus bulgaricus*, *Lactobacillus plantarum*, *Lactobacillus brevis* 등 간균과 *Streptococcus lactis*, *Streptococcus thermophilus*, *Leuconostoc mensenteroides*, *Leuconostoc dextranicum* 등 구균이 있다.

실험 19 흑국 곰팡이의 구연산 발효

곰팡이의 유기산 발효능을 이용하여 공업적으로 유기산이 제조되고 있다. 흑국 곰팡이(*Aspergillus niger*)를 이용하여 구연산(citric acid)을 생성하는 실험을 한다.

재료 및 기구

① 균주 : *Aspergillus niger*
② 배지 : Bernhaner medium
③ 재료 : 0.1N HCl, 0.1N NaOH, phenolphthalein 지시약, 여과지(Whatman No.1)
④ 기구 : 삼각 flask, 백금이, 깔대기, mass flask, burette, pipette, incubator

실험 방법

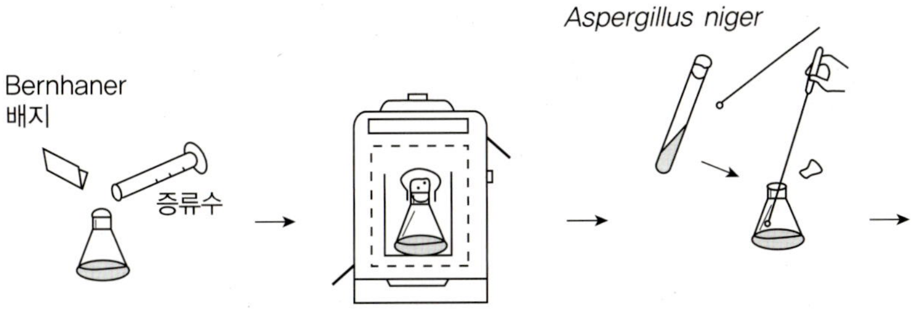

배지 10mL를 만든다. → 121℃, 15분간 멸균한다. → 흑국곰팡이를 1백금이 취해 배지에 접종시킨다. →

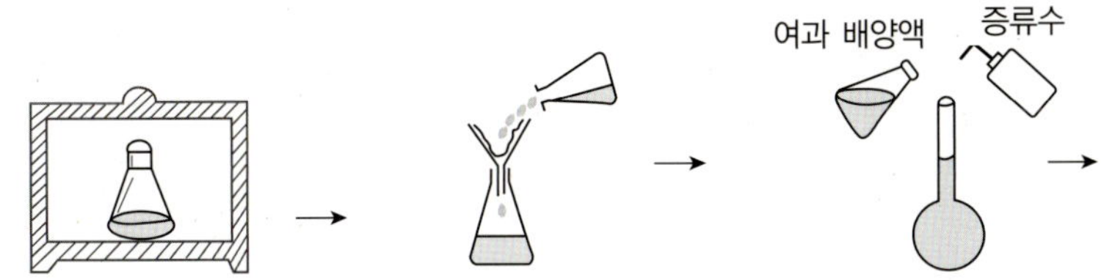

30℃에서 7~14일간 배양시킨다(표면이 흑색으로 된다). → 배양액을 여과시킨다. → 여과 배양액을 mass flask에 100mL로 보정한다. →

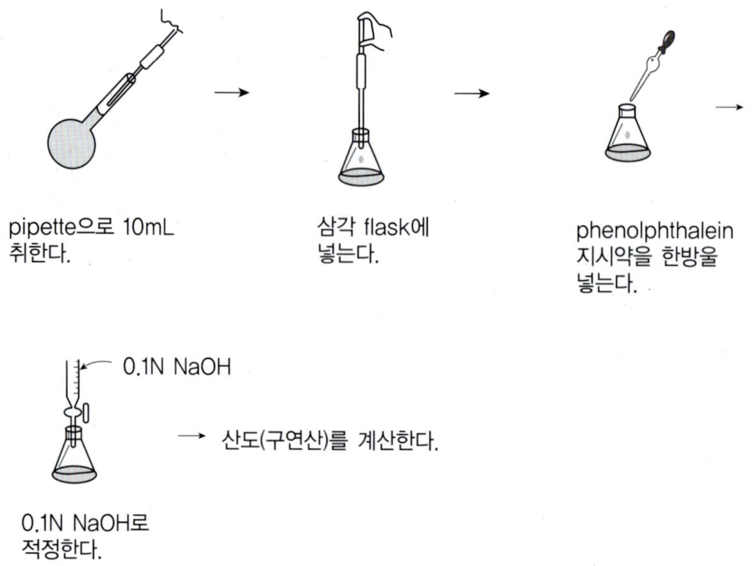

구연산(citric acid)의 계산 :

$$구연산(\%) = \frac{0.1N\ NaOH\ 적정량(mL) \times 구연산\ 계수^{*} \times 0.1N\ NaOH의\ 역가 \times 희석\ 배수}{시료의\ 양(mL)} \times 100$$

*구연산 계수 = 0.0064

실험 보고서

(Experimental report)

실험일자 : 학년 : 학번 : 이름 :

실험 제목(Title)

1. 목적 및 원리(Principle)

2. 재료 및 기구(Material & Apparatus)

3. 실험 방법(Method)

4. 데이터 및 계산(Data & Calculation)

5. 결과(Result)

6. 고찰(Discussion)

7. 참고문헌(Reference)

실험 20 효모의 당류 발효성

효모는 종류에 따라 당류를 선택적으로 발효하여 산과 gas를 생성하므로 당의 발효성을 조사하는 것은 효모의 종류를 판정하는데 매우 유용하다. 효모의 당 발효성 실험은 Einhorn tube 방법, Lindner 방법과 durham tube 방법 등이 있다. 발효관을 이용하는 durham tube 방법은 당 발효시 생성되는 산과 gas를 검출하기 위하여 산–염기 지시약과 gas를 포집하기 위한 durham tube 발효관을 사용한다. Phenol red 지시약은 중성에서는 적색이나 발효에 의하여 산이 생성되면 노란색으로 변하고, gas가 생성되면 durham tube에 포집된다.

재료 및 기구

① 균주 : Sabouraud dextrose agar에 24~48시간 배양된 균주
Saccharomyces cerevisiae, Candida utilis
② 배지 : Phenol red broth base
③ 재료 : glucose, lactose, sucrose, fructose, maltose
④ 기구 : 시험관, durham tube, 백금이, alcohol lamp, autoclave, incubator

실험 방법

① Phenol red broth base에 각각의 당을 최종 농도가 1%가 되도록 첨가한 다음 시험관에 분주하고 표시한다.
② Durham tube를 엎어서 각 시험관에 넣고 멸균한다.
③ 멸균된 백금이로 sabouraud dextrose agar 배지에 배양된 실험 균주 colony를 2~3개 취하여 멸균한 시험관에 접종하여 약간 가볍게 흔들어 준다.
④ 30℃에서 24~48시간 배양한 후 산과 gas의 생성을 관찰한다.

⑤ 결과에서 아무런 변화없이 적색 그대로 있으면 당 발효성 시험 음성이고, 배지가 황색으로 변했으면 당 발효성 시험 양성이며, 배지가 황색으로 변하고 durham tube에 gas가 생겼으면 당 발효성 시험 양성, gas 생성능 시험 양성으로 판정한다.

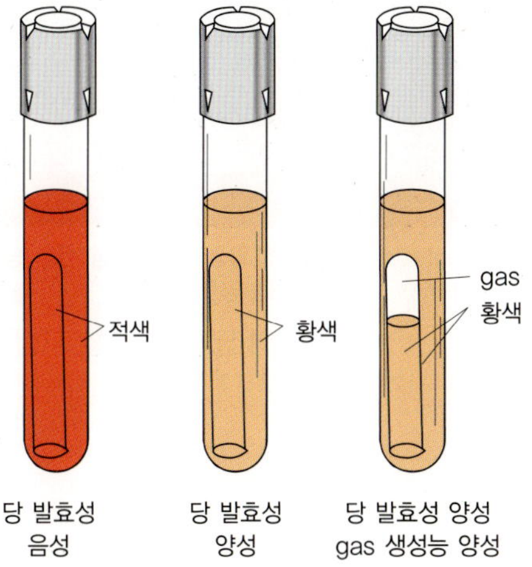

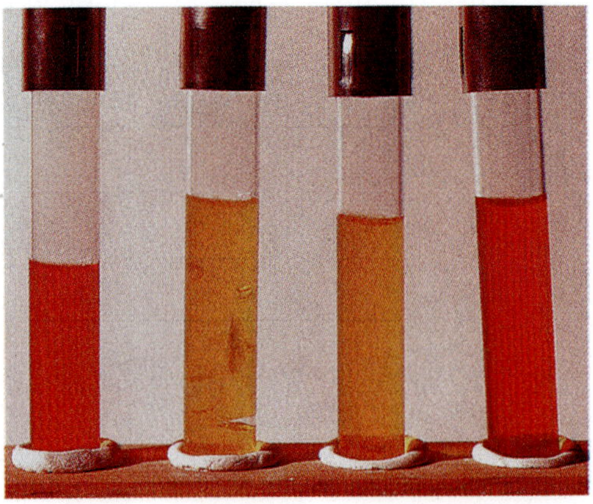

phenol red 지시약 / 당 발효성 양성 gas 생성능 양성 / 당발효성 양성 / 당발효성 음성

|그림 13-1| 효모의 당류 발효성 시험 결과

◐ 표 13-1 ◑ 주요 효모의 당류 발효능

효모	Glucose	Galactose	Fructose	Maltose	Lactose	Raffinose	비고
Saccharomyces cerevisiae	+	+ (s*)	+	+ (s)	−	1/3	알코올 효모, 빵 효모
Saccharomyces carlsbergensis	+	+ (s)	+	+ (s)	−	+	맥주 효모
Saccharomyces rouxii	+	−	− (+,s)	+	−	−	간장 효모
Schizosaccharomyces pombe	+	−	+	+	−	+	pombe주 효모
Candida utilis	+	−	+	−	−	+	식 사료 효모
Hanseniaspora valbyensis	+	−	−	−	−	−	레몬형 효모

*s : slow

실험 보고서

(Experimental report)

실험일자 : 학년 : 학번 : 이름 :

실험 제목(Title) ....

1. 목적 및 원리(Principle)

....

2. 재료 및 기구(Material & Apparatus)

....

3. 실험 방법(Method)

....

4. 데이터 및 계산(Data & Calculation)

....

5. 결과(Result)

....

6. 고찰(Discussion)

....

7. 참고문헌(Reference)

....

실험 21 유산균의 젖산 발효

유산균을 종균으로 우유 배지에 접종하여 일정한 시간 동안 배양하면서 젖산(lactic acid)의 생성도를 비교한다.

재료 및 기구

① 균주 : 유산균 균주(*Lactobacillus casei, Streptococcus thermophilus, Lactobacillus bulgaricus*)
② 배지 : Skim milk medium
③ 재료 : 0.1N NaOH, phenolphthalein 지시약
④ 기구 : 삼각 flask, 멸균 pipette, 시험관, beaker, burette, autoclave, incubator

실험 방법

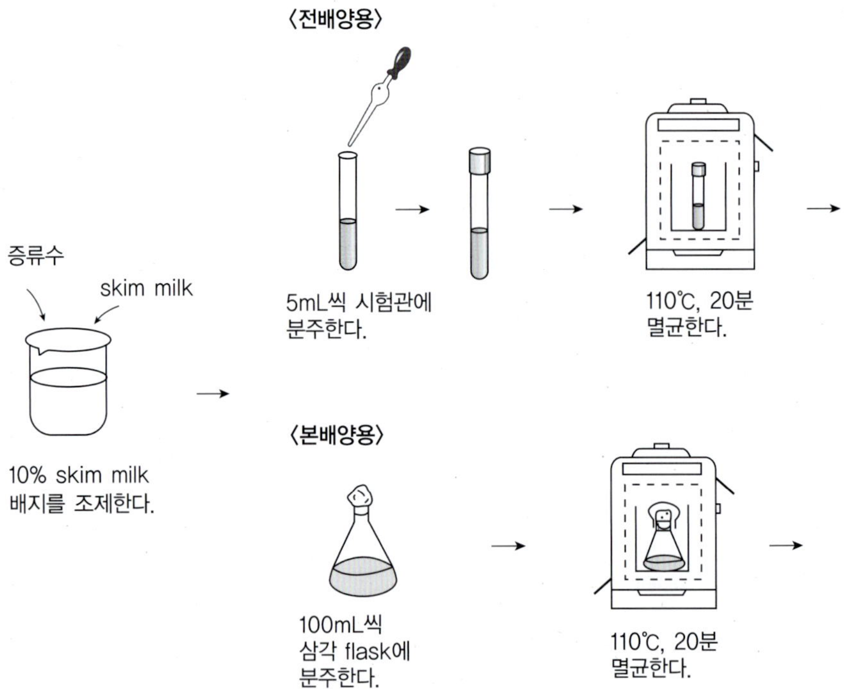

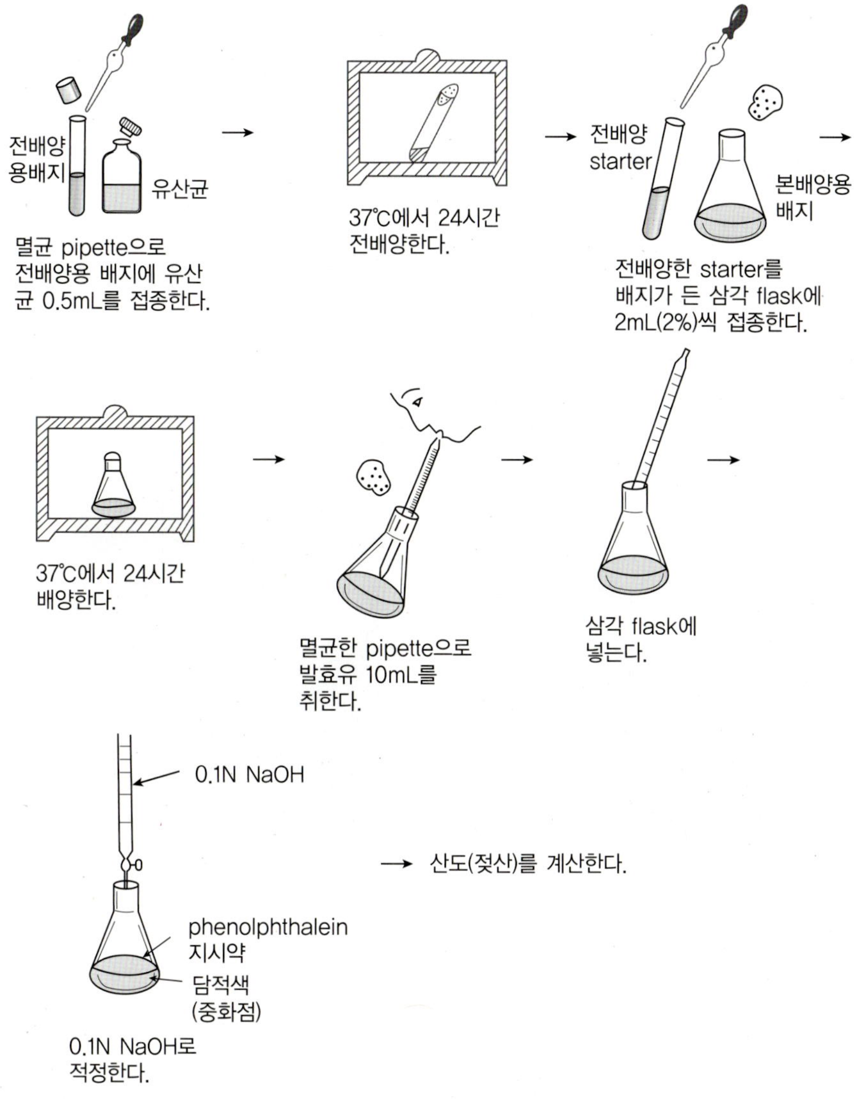

젖산(lactic acid)의 계산 :

$$\text{젖산(\%)} = \frac{\text{0.1N NaOH 적정량(mL)} \times \text{젖산 계수*} \times \text{0.1N NaOH의 역가} \times \text{희석 배수}}{\text{시료의 양(mL)}} \times 100$$

*젖산 계수 = 0.009

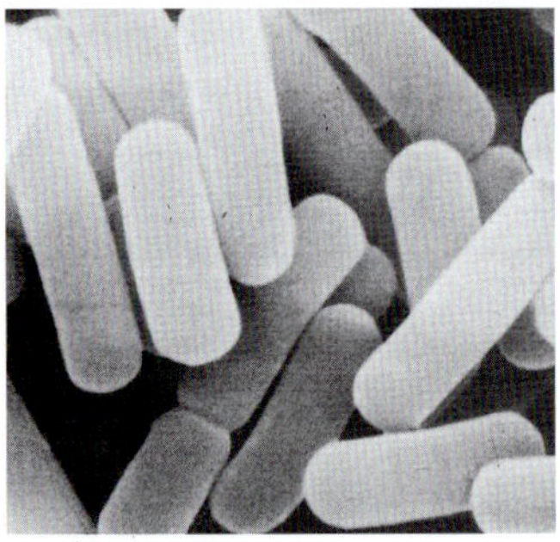

Lactobacillus acidophilus

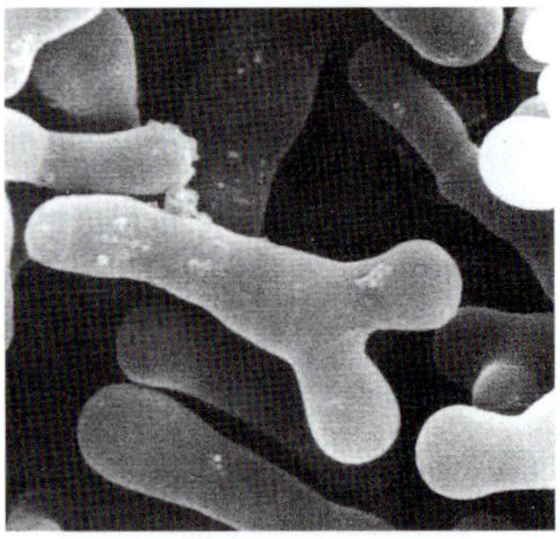

Bifidus longum

|그림 13-2| 각종 유산균의 형태

실험 보고서

(Experimental report)

실험일자 : 학년 : 학번 : 이름 :

실험 제목(Title) ....

1. 목적 및 원리(Principle)

....

2. 재료 및 기구(Material & Apparatus)

....

3. 실험 방법(Method)

....

4. 데이터 및 계산(Data & Calculation)

....

5. 결과(Result)

....

6. 고찰(Discussion)

....

7. 참고문헌(Reference)

....

실험 22 초산균의 초산 발효

초산균의 생육에는 alcohol이 필요하다. 따라서 alcohol 첨가량에 따른 초산균의 초산(acetic acid) 생성도를 조사한다.

재료 및 기구

① 균주 : 초산균(*Acetobacter aceti*)
② 배지 : Meat extract peptone broth
③ 재료 : alcohol, 0.1N NaOH, phenolphthalein 지시약
④ 기구 : 삼각 flask, 멸균 pipette, burette, 시험관, beaker, 백금이, autoclave, incubator

실험 방법

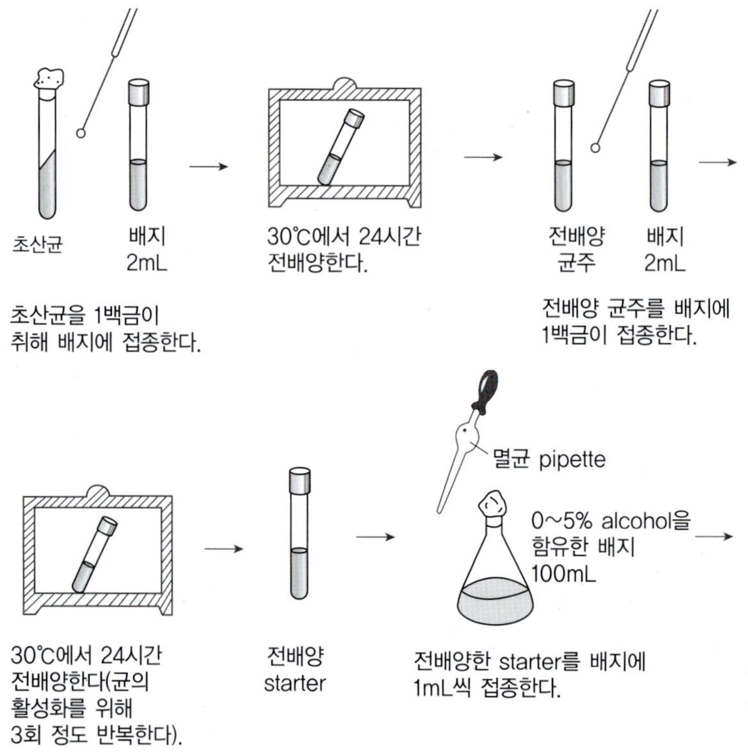

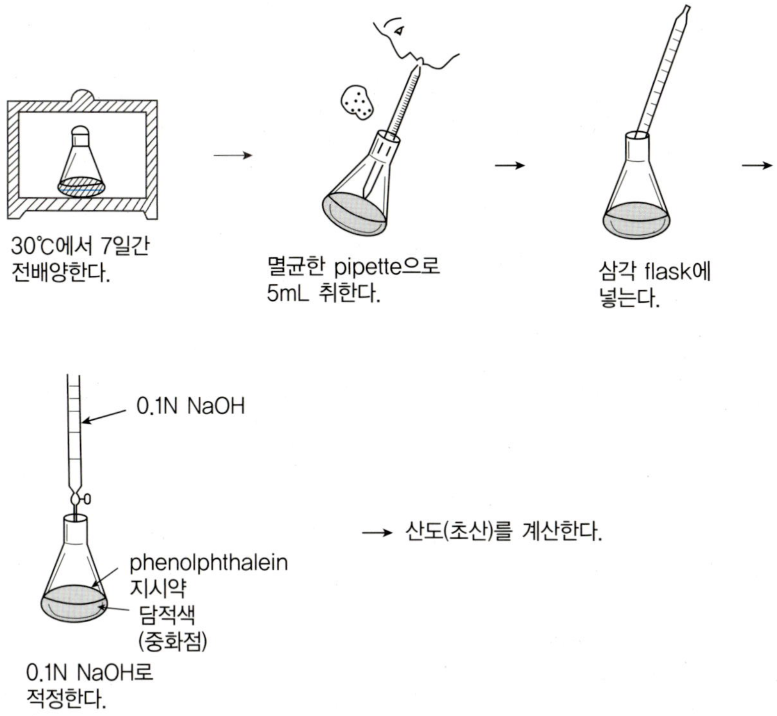

초산(acetic acid)의 계산 :

$$\text{초산(\%)} = \frac{\text{0.1N NaOH 적정량(mL)} \times \text{초산 계수}^{*} \times \text{0.1N NaOH의 역가} \times \text{희석 배수}}{\text{시료의 양(mL)}} \times 100$$

* 초산 계수 = 0.006

실험 보고서

(Experimental report)

실험일자 : 학년 : 학번 : 이름 :

실험 제목(Title) ....

1. 목적 및 원리(Principle)

....

2. 재료 및 기구(Material & Apparatus)

....

3. 실험 방법(Method)

....

4. 데이터 및 계산(Data & Calculation)

....

5. 결과(Result)

....

6. 고찰(Discussion)

....

7. 참고문헌(Reference)

....

14 Chapter

발효 식품의 제조

미생물 발효는 식품 생산에 다양하게 이용된다. 지역과 인종에 관계 없이 다양한 원료로부터 제조되는 발효 식품은 발효 형태에 따라 alcohol 발효, 젖산 발효, 초산 발효 및 기타 발효로 크게 분류된다. 발효 식품 제조에 관여하는 유용한 미생물들은 주로 유산균, 초산균, 곰팡이 및 효모 등이다. 이들 미생물들은 탄수화물, 단백질, 지질 및 펙틴을 분해하는 가수분해효소들과 기타 효소들을 생산하며, 비타민, 필수 아미노산, 필수지방산, 항생물질, 유기산, 펩타이드, 단당류 및 방향성 물질 또는 풍미 증진 물질을 생산하여 발효 식품의 가치를 높인다.

실험 23 발효유의 제조

유제품 발효에서 유산균은 산소를 이용하지 않으며 유당을 이용하여 젖산을 생산한다. 유산균을 이용한 발효유를 제조하여 품질을 평가해 본다.

재료 및 기구

① 균주 : 유산균 균주(*Streptococcus thermophilus, Lactobacillus acidophilus, Lactobacillus casei*)
② 배지 : Skim milk medium
③ 재료 : 당, 과일즙, 과일잼
④ 기구 : beaker, 시험관, 멸균 pipette, autoclave, incubator

실험 방법

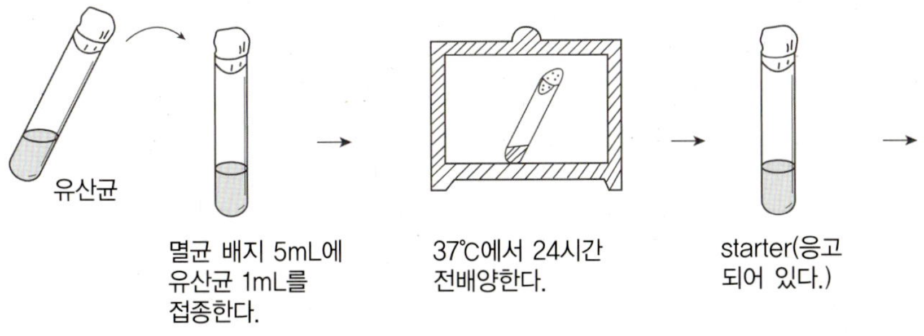

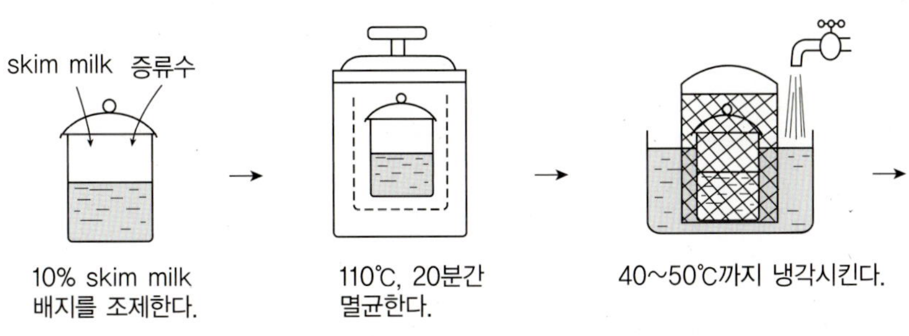

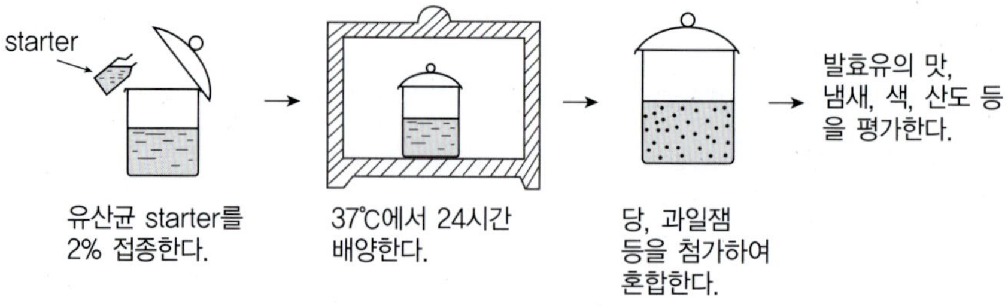
starter
유산균 starter를
2% 접종한다.
37℃에서 24시간
배양한다.
당, 과일잼
등을 첨가하여
혼합한다.
발효유의 맛,
냄새, 색, 산도 등
을 평가한다.

실험 보고서

(Experimental report)

실험일자 : 학년 : 학번 : 이름 :

실험 제목(Title) ....

1. 목적 및 원리(Principle)

....

2. 재료 및 기구(Material & Apparatus)

....

3. 실험 방법(Method)

....

4. 데이터 및 계산(Data & Calculation)

....

5. 결과(Result)

....

6. 고찰(Discussion)

....

7. 참고문헌(Reference)

....

실험 24 식초의 제조

초산균 배양 실험의 결과를 참고로 식초의 제조 실험을 실시한다.

재료 및 기구

① 균주 : 초산균(*Acetobacter aceti*)
② 재료 : 4% alcohol 원액(백포도주 또는 청주), alcohol
③ 기구 : 시험관, 삼각 flask, 멸균 pipette, autoclave, incubator

실험 방법

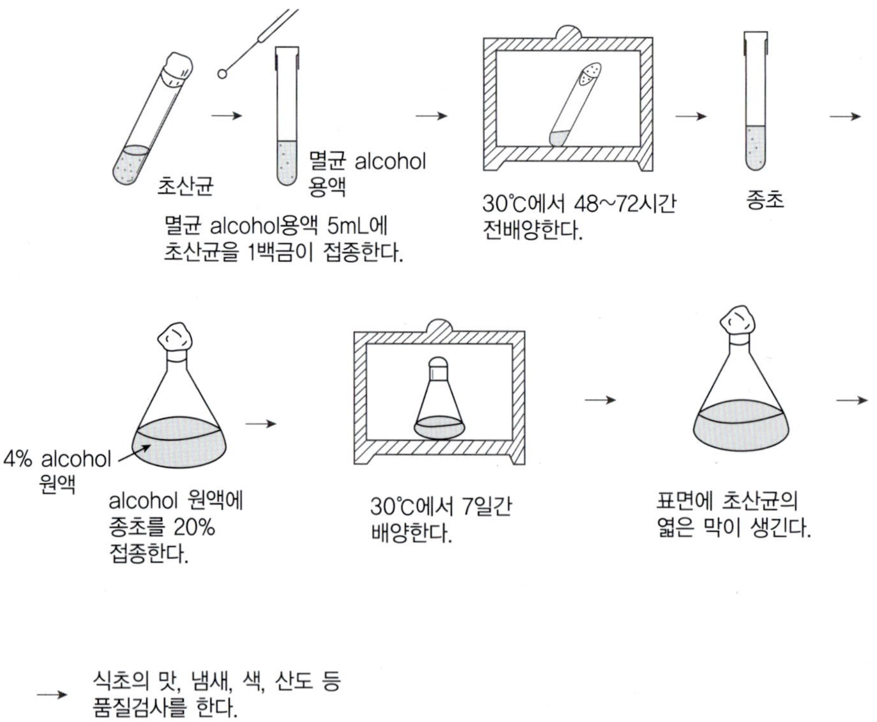

→ 식초의 맛, 냄새, 색, 산도 등 품질검사를 한다.

실험 보고서

(Experimental report)

실험일자 : 학년 : 학번 : 이름 :

실험 제목(Title) ....

1. 목적 및 원리(Principle)

....

2. 재료 및 기구(Material & Apparatus)

....

3. 실험 방법(Method)

....

4. 데이터 및 계산(Data & Calculation)

....

5. 결과(Result)

....

6. 고찰(Discussion)

....

7. 참고문헌(Reference)

....

실험 25 청국장의 제조

청국장은 일반 가정에서 만들어 먹는 중요한 발효 식품이다. 콩을 완전히 익혀서 납두균(*Bacillus subtilis, Bacillus natto*)을 배양시켜 납두를 만든다. 이때 콩 성분은 분해되어 점진물이 생기며 독특한 풍미를 갖게 된다.

재료 및 기구

① 균주 : 납두균(*Bacillus subtilis, Bacillus natto*)
② 재료 : 콩(한국산 황태), 멸균 생리식염수, 소금, 고춧가루
③ 기구 : incubator, 찜통, 파쇄기

실험 방법

① 콩 1kg을 씻어 하룻밤 수침한 후 찜통에서 5~6시간 가열하여 손으로 눌러 쉽게 부서질 정도로 찐다.
② 납두균 배양액 10mL를 멸균 생리식염수 200mL에 넣어서 납두균 현탁액을 만든다.
③ 삶은 콩을 50℃ 정도로 냉각시킨 것에 납두균 현탁액을 원료 콩의 1~5% 정도 뿌려서 접종시킨다.
④ 접종된 콩을 잘 혼합한 후 40~45℃의 incubator에서 20~24시간 발효시켜서 납두를 만든다.
⑤ 납두 18~20L에 소금 2~3L, 고춧가루 0.5~0.8L를 넣고 파쇄기로 갈아 용기에 청국장을 담는다.
⑥ 청국장의 맛, 냄새, 색 등을 평가한다.

실험 보고서

(Experimental report)

실험일자 : 학년 : 학번 : 이름 :

실험 제목(Title) ……………………………………

1. 목적 및 원리(Principle)

……………………………………

2. 재료 및 기구(Material & Apparatus)

……………………………………

3. 실험 방법(Method)

……………………………………

4. 데이터 및 계산(Data & Calculation)

……………………………………

5. 결과(Result)

……………………………………

6. 고찰(Discussion)

……………………………………

7. 참고문헌(Reference)

……………………………………

실험 26 포도주의 제조

과실주는 아주 오래 전부터 만들어져 왔으며, 포도주가 대표적이지만 대부분의 과일, 야채, 꽃의 즙액이나 육질부를 이용하여 만들 수 있다. 포도주 발효에서는 효모가 설탕을 이용하여 혐기 조건에서 ethanol과 이산화탄소를 생산한다.

재료 및 기구

① 균주 : 포도 효모(*Saccharomyces ellipsoideus*)
② 재료 : 포도, 설탕, potassium metabisulfite
③ 기구 : 삼각 flask, incubator

실험 방법

① 잘 익고 당도가 높은 포도를 잘 씻은 후 압착하거나 으깨 포도즙을 만든다.
② 포도에 존재하는 야생효모, 초산균 및 곰팡이 등 유해 미생물 증식을 막기 위하여 0.02% potassium metabisulfite 용액을 넣어준다.
③ 1L의 삼각 flask에 포도즙 500mL, 설탕 20g, 포도즙에서 배양된 포도효모 배양액 50mL(10%)를 넣는다.
④ 25℃에서 배양하면서 48시간과 4일 후에 발효되고 있는 포도 발효액에 설탕 20g을 첨가한다.
⑤ 25℃에서 21일간 발효시킨다.
⑥ 발효 과정 동안 1주일 간격으로 포도주의 맛, 냄새, 색, 산도, 알코올 함량 등을 측정한다.

실험 보고서

(Experimental report)

실험일자 : 학년 : 학번 : 이름 :

실험 제목(Title)

1. 목적 및 원리(Principle)

2. 재료 및 기구(Material & Apparatus)

3. 실험 방법(Method)

4. 데이터 및 계산(Data & Calculation)

5. 결과(Result)

6. 고찰(Discussion)

7. 참고문헌(Reference)

실험 27 막걸리의 제조

막걸리는 우리나라에서 예부터 양조되어온 재래주로서 찹쌀 또는 멥쌀을 원료로 하여 발효제로서 누룩을 첨가하여 병행복발효주의 제조 방법에 의해서 양조된다. 전통 막걸리는 지역에 따라 원료의 차이점과 특히 발효제인 누룩의 종류와 미생물상의 차이로 다양한 맛과 풍미를 갖는 술의 제조가 가능하다.

재료 및 기구

① 균주 : 건조 효모(*Saccharomyces cerevisiae*)
② 재료 : 찹쌀(또는 멥쌀), 누룩, 물, $K_2S_2O_5$, 설탕
③ 기구 : 전기밥솥, 독, 체, incubator

실험 방법

① 찹쌀 1kg으로 고두밥을 만들어 40℃ 이하로 식힌 후 가루낸 누룩 630g을 넣어 버무린다.
② 술독을 깨끗이 씻고 0.02% $K_2S_2O_5$ 용액으로 가셔낸다.
③ 건조 효모는 술 담기 전날 10% 설탕 용액에 넣고 25℃에 보온해 둔다.
④ 술독에 누룩을 섞은 고두밥을 넣고 물 8L에 건조 효모 배양액을 혼합한 것을 붓는다.
⑤ 술독에 뚜껑을 하고 25℃에서 약 8일 정도 발효시킨다.
⑥ 발효가 끝난 것을 체로 걸러 막걸리를 만든다.
⑦ 막걸리의 맛, 냄새, 색, 산도, 알코올 함량 등을 평가한다.

실험 보고서

(Experimental report)

실험일자 : 학년 : 학번 : 이름 :

실험 제목(Title) ....

1. 목적 및 원리(Principle)

....

2. 재료 및 기구(Material & Apparatus)

....

3. 실험 방법(Method)

....

4. 데이터 및 계산(Data & Calculation)

....

5. 결과(Result)

....

6. 고찰(Discussion)

....

7. 참고문헌(Reference)

....

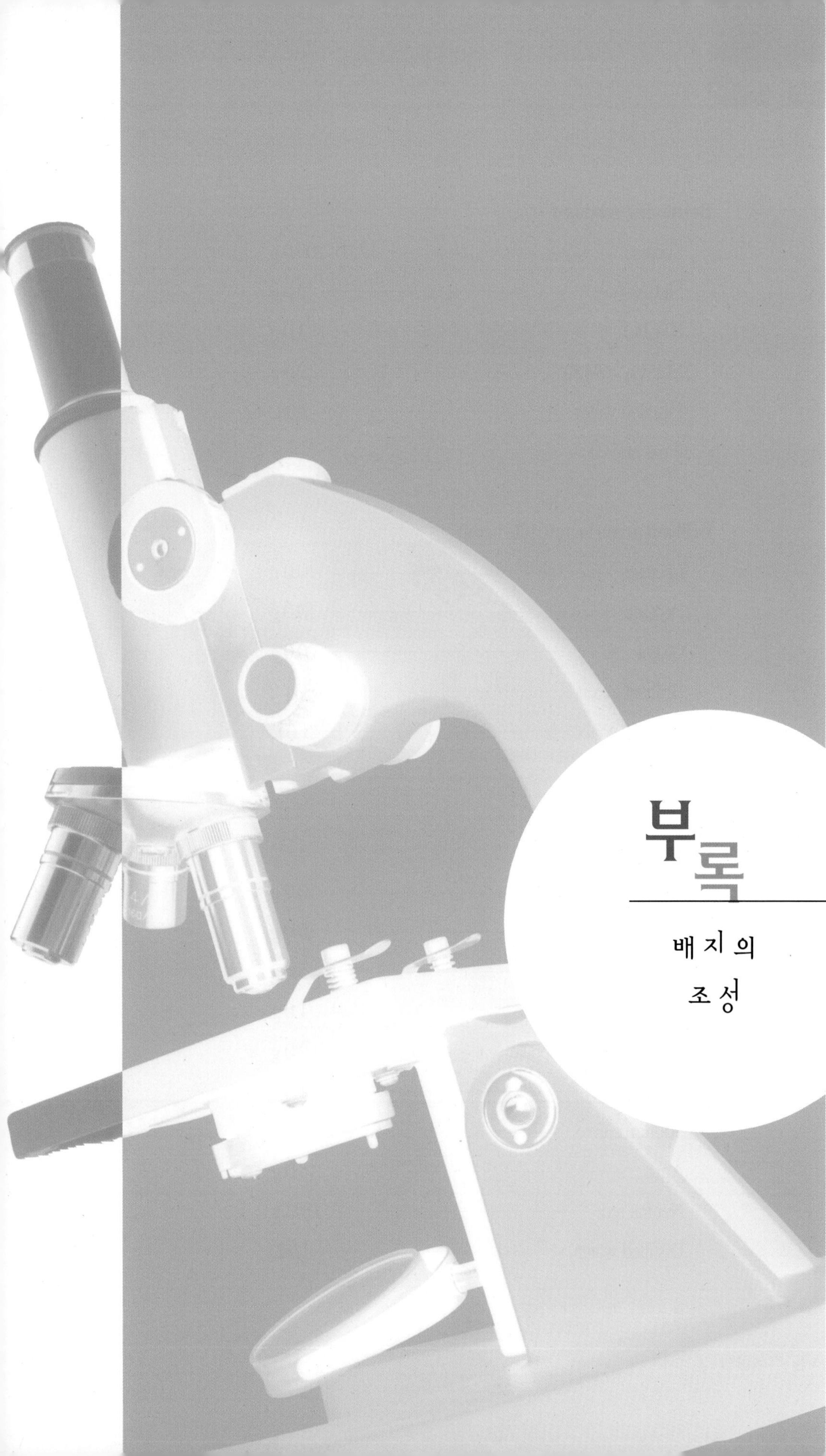

부록

배지의 조성

Bernhaner medium

Sucrose	175.0~200.0 g
NH_4NO_3	2.0 g
KH_2PO_4	1.0 g
$MgSO_4 \cdot 7H_2O$	2.5 g
Distilled water	1.0 L
Final pH 3.0	

Brilliant green lactose bile broth

Lactose	10.0 g
Peptone	10.0 g
Oxgal	20.0 g
Brilliant green	0.0331 g
Distilled water	1.0 L
Final pH 7.2	

Desoxycholate agar

Peptone	10.0 g
Lactose	10.0 g
Sodium chloride	5.0 g
Sodium desoxycholate	1.0 g
Dipotassium phosphate	2.0 g
Ferric citrate	1.0 g
Sodium citrate	1.0 g
Agar	15.0 g
Neutral red	0.03 g
Distilled water	1.0 L

Final pH 7.3

Endo agar

Peptone	10.0 g
Lactose	10.0 g
Dipotassium phosphate	3.5 g
Sodium sulfite	2.5 g
Basic fuchsin	0.5 g
Agar	15.0 g
Distilled water	1.0 L

Final pH 7.4

Eosin methylene blue agar

Peptone	10.0 g
Lactose	5.0 g
Sucrose	5.0 g
Dipotassium phosphate	2.0 g
Agar	13.5 g
Eosin Y	0.4 g
Methylene blue	0.065 g
Distilled water	1.0 L

Final pH 7.2

Lactobacilli MRS agar

Proteose peptone	10.0 g
Beef extract	10.0 g
Yeast extract	5.0 g

Dextrose	20.0 g
Sorbitan monooleate complex	1.0 g
Ammonium citrate	2.0 g
Sodium acetate	5.0 g
Magnesium sulfate	0.1 g
Manganese sulfate	0.05 g
Potassium phosphate, dibasic	2.0 g
Agar	5.0 g
Distilled water	1.0 L

Final pH 6.5

Lactose broth

Lactose	5.0 g
Peptone	5.0 g
Beef extract	3.0 g
Distilled water	1.0 L

Final pH 6.9

Malt extract agar

Malt extract	20.0 g
Peptone	5.0 g
Agar	15.0 g
Distilled water	1.0 L

Final pH 5.6

Malt extract medium

Malt extract	20.0 g

Peptone	5.0 g
Distilled water	1.0 L

Final pH 5.6

Meat extract peptone broth

Meat extract	5.0 g
Polypeptone	10.0 g
Sodium chloride	5.0 g
Distilled water	1.0 L

Final pH 7.0

Nutrient agar

Beef extract	3.0 g
Peptone	5.0 g
Sodium chloride	8.0 g
Agar	15.0 g
Distilled water	1.0 L

Final pH 7.3

Nutrient broth

Beef extract	3.0 g
Peptone	5.0 g
Sodium chloride	8.0 g
Distilled water	1.0 L

Final pH 7.3

Phenol red broth base

Peptone	10.0 g
Beef extract	1.0 g
Sodium chloride	5.0 g
Phenol red	0.018 g
Distilled water	1.0 L

Final pH 7.4

Plate count agar

Tryptone	5.0 g
Yeast extract	2.5 g
Dextrose	1.0 g
Agar	15.0 g
Distilled water	1.0 L

Final pH 7.1

Potato dextrose agar

Potatoes, infusion from	200.0 g
Dextrose	20.0 g
Agar	15.0 g
Distilled water	1.0 L

Final pH 5.1

Sabouraud dextrose agar

Dextrose	40.0 g
Peptone	10.0 g
Agar	15.0 g

Distilled water ———— 1.0 L

Final pH 5.6

Skim milk medium

Skim milk ———— 100.0 g

Distilled water ———— 1.0 L

Final pH 7.0

Starch agar

Potato starch ———— 15.0 g

Polypeptone ———— 1.0 g

KH_2PO_4 ———— 0.5 g

$MgSO_4 \cdot 7H_2O$ ———— 0.1 g

$CaCl_2$ ———— 0.1 g

Agar ———— 15.0 g

Distilled water ———— 1.0 L

Final pH 7.0

Tryptic soy agar

Tryptone ———— 17.0 g

Soytone ———— 3.0 g

Dextrose ———— 2.5 g

Sodium chloride ———— 5.0 g

Dipotassium phosphate ———— 2.5 g

Agar ———— 15.0 g

Distilled water ———— 1.0 L

Final pH 7.3

Tryptic soy broth

Tryptone	17.0 g
Soytone	3.0 g
Dextrose	2.5 g
Sodium chloride	5.0 g
Dipotassium phosphate	2.5 g
Distilled water	1.0 L

Final pH 7.3

Yeast mold agar

Yeast extract	3.0 g
Malt extract	3.0 g
Peptone	5.0 g
Dextrose	10.0 g
Agar	15.0 g
Distilled water	1.0 L

Final pH 6.2

참 고 문 헌

1. 김주영, 조성호, 김현옥. 식품 미생물학 실험. 훈민사. 2002
2. 김찬조, 김교창, 장지현, 정지로. 미생물학 실험서. 수학사. 1991
3. 김찬조, 장지현. 식품 미생물학. 수학사. 1993
4. 김현욱. 낙농 및 식품 미생물학 실험. 유한문화사. 1988
5. 노완섭, 남주현, 방병호, 배정실, 허성호. 식품 미생물학 실험편. 지구문화사. 1989
6. 민경찬, 심우만, 위성언, 조석금, 김관유, 방병호, 김영권. 식품 미생물학 실험. 광문각. 1995
7. 박동기. 식품 종합 실험 실습서. 유한문화사. 2003
8. 방병호, 박헌국, 서현창, 심상국, 심창환, 윤원호, 장명호, 현재석. 미생물학 실험. 진로연구사. 2004
9. 안병용, 김동한, 김인규, 김주영, 최연배. 식품 미생물학 실험서. 석학당. 2002
10. 안병용, 박인숙, 김인규, 최연배. 식품 미생물학 실험서. 석학당. 2004
11. 오석근, 허윤행, 이갑상, 배정호. 식품 미생물학 실험서. 탐구당. 1992
12. 유태종, 배정호, 정동효, 조덕봉, 조한옥, 이희무, 양차범, 이종갑. 식품 미생물학 실험서. 형설출판사. 1993
13. 이갑상. 응용 미생물학 실험편. 학문사. 1989
14. 이별나, 이은숙. 미생물 실험서. 도서출판 효일. 2000
15. 이서래, 윤재영. 미생물 실험서. 도서출판 효일. 2001
16. 이영남, 김치경. 미생물학 기초 실험서. 탐구당. 2000
17. 이용욱, 박석기. 식품 위생 미생물 시험법. 신광출판사. 1996

18. 하덕모. 최신 식품미생물학. 신광출판사. 1998
19. 허윤행, 김용관, 방병호, 배정설, 허성호. 식품 미생물학 실험서. 지구문화사. 1998
20. 홍태희. 식품 미생물학 및 실험. 지구문화사. 1999
21. 한국미생물학회. 미생물학 실험. 아카데미서적. 1995
22. Alexander, S. K. Strete, D. Microbiology : A Photographic Atlas for the Laboratory. Benjamin Cummings. 2001
23. Barker, K. At the Bench. A Laboratory Navigator. Cold Spring Harbor Laboratory Press. 1998
24. Benson, H. J. Microbiological Applications. 2nd ed. Wm. C. Brown Company Publishers. 1982
25. DiLiello, L. R. Methods in Food and Dairy Microbiology, AVI Publishing Company. 1982
26. Larone, D. H. Medically Important Fungi. 3rd ed. ASM Press. 1995
27. MacFaddin, J. F. Biochemical Tests for Identification of Medical Bacteria. 3rd ed. Lippincott Williams & Wilkins. 2000
28. Madigan, M, T., John, M. M., Parker, J. Brock Biology of Microorganisms. 10th ed. Prentice Hall. 2003
29. Marshall, R. T. Standard Methods for the Examination of Dairy Products. American Public Health Association. 1993
30. Tortora, G. J., Funke, B. R., Case, C. L. Microbiology. 6th ed. Benjamin Cummings. 1998
31. Difco Laboratories. Difco Manual. 11th ed. Becton Dickinson & Company. 1998

저자소개

박신인

- 이화여자대학교 식품영양학과 졸업
- 성균관대학교 식품생명자원학과 박사
- 가천대학교 식품영양학과 교수

남은숙

- 성균관대학교 식품생명자원학과 졸업
- 성균관대학교 식품생명자원학과 박사
- 서강대-빙그레 식품첨단분석센터 팀장
- 서강대학교 화공생명공학과 연구교수

식품 미생물학 실험서

2004년 12월 20일 초판발행
2012년 4월 16일 개정판발행
2018년 3월 5일 2개정판발행
2021년 3월 10일 2개정판 2쇄발행

저 자 • 박신인 · 남은숙
발 행 인 • 김홍용
펴 낸 곳 • 도서출판 효일
주 소 • 서울시 중구 다산로46길 17
전 화 • 02)928-6643
팩 스 • 02)927-7703
홈페이지 • www.hyoilbooks.com
등 록 • 2001년 10월 8일 제2019-000146호

무단복사 및 전재를 금합니다.

정가 17,000원

ISBN 978-89-8489-444-0